纺织服装高等教育"十四五"部委级规划教材
国家一流本科专业服装设计与工程建设教材
山东省高等学校教学改革项目研究成果

U0163223

服饰搭配艺术

FUSHI DAPEI YISHU

主编 王秀芝 边沛沛

副主编 杨宁 宋海玲

内容简介

进入全球化和现代化的时代，服饰不仅成为人类文明与进步的象征，也体现了人们思想意识和审美观念的变化，成为一个国家和民族文化艺术的重要组成部分。

《服饰搭配艺术》作为一本专业教材，系统地阐述了服饰内涵、服装款式造型、服装色彩、服饰图案、服饰材质的基础知识，各种风格的服饰搭配法则，服饰配件和服装的搭配法则，妆容、发型和服装的搭配规律等实用内容。本书内容通俗易懂，层次清晰，图文并茂，具有较强的实用性，是一本适合各类服装院校师生及服装设计师、服装搭配师、服装色彩顾问、服装形象设计爱好者学习的读物。

图书在版编目（ＣＩＰ）数据

服饰搭配艺术 / 王秀芝　边沛沛主编 . — 上海：东华大学
出版社，2022.9
　　ISBN 978-7-5669-1674-7

　　Ⅰ.① 服…　Ⅱ.① 王…　Ⅲ.① 服饰美学—高等学校—
教材 Ⅳ.① TS941.11

　　中国版本图书馆 CIP 数据核字（2019）第 268611 号

责任编辑：杜亚玲
封面设计：Callen

服饰搭配艺术

FUSHI DAPEI YISHU

主　　编：王秀芝　　边沛沛
出　　版：东华大学出版社（上海市延安西路1882号，200051）
网　　址：dhupress.dhu.edu.cn
天猫旗舰店：http://dhdx.tmall.com
营销中心：021-62193056　62373056　62379558
印　　刷：上海万卷印刷股份有限公司
开　　本：889 mm×1194 mm　1/16　印张：11
字　　数：380千字
版　　次：2022年9月第1版
印　　次：2025年1月第2次
书　　号：ISBN 978-7-5669-1674-7
定　　价：65.00元

目　录

此章主要讲述中国传统服饰的文化内涵、中国传统服饰的审美意蕴、服饰以及服饰搭配的定义等。通过本章的学习，学生能够对服饰的内涵及基本概念有初步的了解。

第一章

绪论

第一节 | 服饰的内涵

美国服装学家布兰奇·佩尼有一句话"将一种鲜花戴在头上，或者以酸梅果汁把双唇染上红色的第一位姑娘，必定有她自己的审美观点……"由此可知，我们要想学好如何进行服饰搭配也要先有自己的审美观点，然后在审美观点指引下，形成自己的搭配方法。

服饰在我们生活中扮演着重要的角色，它远不止御寒、遮体这么简单。往大处说，服饰是人类生产生活方式、宗教信仰以及其他意识形态的忠实映象，它有时会成为守旧传统的堡垒，有时会成为革命的旗帜，亦或两者交锋的导火线；往小处说，服饰与政治、经济、哲学、文化、艺术的发展进程紧密相连，是社会变迁的一面镜子。举个例子，我们中国的服饰从先秦时期开始到清代为止一直就是宽衣大袖、褒衣博带，这样的服饰形式延续了上千年的时间，何以在民国时期出现了大转折，从二维的平面穿衣模式忽然变成西服这样的三维立体式穿衣模式（图1-1，图1-2）。

中国服饰的这一变迁，其实是中国的近代化历程的写照，也是中国近代文化变迁的一面镜子。透过服饰，我们可以了解到近代中国人吸收西方文化，中西融合、取长补短、相互借鉴的文化特点，以及中国那段屈辱的岁月和中国人民抵抗外来侵略和自强不息的精神，它的变迁是以非文本的方式记载着文化的变迁，并成为时代发展的一个永恒的烙印和缩影。

图1-1 唐代女装

图1-2 民国女装

图1-3 龙袍
图1-4 龙纹

一、中国传统服饰的文化内涵

中国传统服饰文化不是一种孤立存在的文化现象，它是物质与精神的统一体，也是附着于物质载体之上的主体美的物化形态，其既主张象征表意性又倡导审美愉悦性，既注重形式美的创造又崇尚情感意念的表达，使内涵意义与表现形式完美统一，以情景交融、意象统一之美来展示民族美学的生命艺术品味。以中国古代服饰的颜色为例，在等级森严的封建社会，服饰色彩作为政治伦理的外在形态直接被用来"别上下、明贵贱"，成为统治阶级等级差别的标志性象征，而黄色和龙纹则成为皇帝的专用色和王权的象征（图1-3，图1-4）。在封建等级制度的高压和儒家礼教思想的双重作用下，色彩的应用已脱离其物质属性及其本来意义而被赋予了浓厚的政治伦理色彩。可见，中国传统服饰的文化内涵极其丰富，它出于对自然和生命的无限崇拜以及对等级标识的刻意表述而呈现出明快的色彩风格与和谐统一的心理追求，整体效果既赏心悦目又简单大方，形成了自己独特的风格和表现方式，成为中国传统服饰文化的基调。

二、中国传统服饰的审美意蕴

中国传统服饰的含蓄婉约与中国人平和、知足、中庸的取向相一致。儒家"中庸"之"中"、华夏"中国"之"中"，皆强调"不过分而和谐"，这在中国传统服饰文化中有明显体现。中国传统民族服装既不像西洋服饰那般精确勾勒出人体（图1-5），又不同于古希腊、古罗马那样用一块布随意地披挂或缠裹于身上（图1-6），而是采取"半适体"的样式，即倡导一种包藏又不局限人体的若即若离的含蓄美。

究其原因，"平和性情"自古以来就作为一种美德为中华民族的先辈所推崇，所谓"人生但

图1-5　西洋服饰
图1-6　古希腊服饰

须果腹耳，此外尽属奢靡"，追求幸福的真谛是"精神快乐休闲，胜于物质进步"。这反映在服饰文化中就是讲究随意、闲适、和谐，没有过分的突出、夸张和刻意的造型，于恬淡之中给人一种含蓄、平和而神秘的美感。中国传统服装的制作者在设计和制作服装的过程中凭借直觉与经验，于"适体"中呈现的是一种含蓄的"情理美"，而非西方那种以数理为基础的精确到尺寸的"理性美"。如用宽衣大袍、中规中矩的样式或写实与变体相结合的动物、几何纹样、花草枝、藤蔓纹等具有抽象和寓意的服饰图案来传达一种与政治或伦理的关联意向。汉初之"袍"被作为礼服，一般多为大袖，袖口部分收紧缩小，紧窄部分为"祛"，袖身宽大部分为"袂"，所谓"张袂成荫"就是形象化的描述；而魏晋时期的"竹林七贤"，其画像人物皆穿着宽敞的衣衫，衫领敞开，袒露胸怀，或赤足，或散发，无羁放荡，张扬着崇尚虚无、轻蔑礼法的人生品性，给世人以高山流水般随性自然的审美意境（图1-7，图1-8）。

中国传统服饰的内涵极其丰富，具有明快的风格与和谐统一的心理追求，其独特的色彩体系和风格表现形式成为中国传统服饰文化的基调。中国传统服饰具有和谐的"情理美"和追求意境的"含蓄美"。

图1-7　汉代袍服

图1-8　竹林七贤画像

三、基本概念

(一)服饰的基本概念

服饰既是人类文明的标志，又是人类生活不可缺少的要素。它除了满足人们的物质生活需要外，还代表着一定时期的社会文化背景。随着经济的发展、多元文化的融合，服饰不仅成为人类文明与进步的象征，同时也成为一个国家、民族文化艺术的重要组成部分。服饰是随着社会文化的延续而不断发展的，它不仅具体地反映了人们的生活方式和生活水平，而且也体现了人们思想意识和审美观念的变化。服饰这一专业术语概念上有广义和狭义之分。

1. 广义上的服饰概念

广义上的服饰是指服装及其装饰，它包括服装和服饰配件两个部分。

其一，服装。这是人们所穿着的服装类型的总称，其构成的三个基本元素包括面科、款式及色彩。服装是运用形式美法则和技法将款式造型、色彩搭配以及面料选用等要素进行设计，使之形成类型各异、相对具体的单品，如风衣、外套、裙子、裤子等。由于经济的发展和人们生活水平的提高，现代服装的款式越来越丰富，根据不同用途，可分为：礼服（图1-9），适合于正式社交场合；生活装（图1-10），主要是日常生活穿着；职业装（图1-11），适合于各种职业的制服；运动装（图1-12），主要用于体育运动或户外活动；演出服（图1-13），主要用于各种演艺活动；家居服（图1-14），主要用于家庭内穿着等。

图1-9　礼服

图1-10　生活装

图1-11　职业装

图1-12　运动装

图1-13　演出服

图1-14　家居服

图1-15　服饰配件

　　其二，服饰配件。主要包括附着于人身上的饰品，还包含身体以外与服装有关的物品，如帽子、鞋、围巾、领带、胸针、眼镜、手表以及手链等物品（图 1-15）。

　　因而，服饰具有较广泛的概念，泛指人类穿戴、装扮自己的行为及其着装状态。

2. 狭义上的服饰概念

　　狭义上的服饰是指服装的配饰或装饰。具有两种含义：一是服饰配件，其发展既有其独立性，又有对服装的依附性；二是指服装的装饰用品或衣服上的装饰，如服饰图案、色彩等。

（二）服饰搭配的基本概念

　　服饰搭配含有搭配、调配之意，是指服饰形象的整体设计、协调和配套。 服饰搭配既与服饰本身有关，又与服饰的穿着者、周围环境等因素密不可分。总体而言，服饰搭配包含了服装款式要素、服装色彩要素、服饰配件要素及个人条件要素等，这些要素相互交错，影响着整体的着装面貌。 服饰搭配包括服装、配饰、发型和化妆等因素在内的组合关系，而且这其中又涉及造型、色彩、肌理、纹饰等诸多要素。

　　服饰搭配是一门综合性的艺术，其不仅仅是服装及饰品的综合表现，更重要的是服饰搭配美具有一定的相对性，脱离了一定的环境、时间的背景，脱离了着装的主体，是无所谓服饰搭配美的。

第二节 | 服装的起源及与外在形象的关系

《旧五代史·汉书·高祖纪下》记载:"乙丑,禁造契丹样鞍辔、器械、服装。"沈从文在《从文自传·一个老战友》中写道:"姿势稍有不合就是当胸一拳,服装稍有疏忽就是一巴掌。"衣服多指衣服鞋帽的总称。

一、服装的起源

服装在人类社会发展早期就已出现。古代人把身边能找到的各种材料做成粗陋的"衣服",用以护身。人类最初的衣服是用兽皮制成的,包裹身体最早"织物"是用草制成。在原始社会阶段,人类开始简单的纺织生产,最初采集野生绩编织以供服用。随着农、牧业的发展,人工培育的纺织原料渐渐增多,制作服装的工具由简单到复杂不断发展,服装用料品种也日益增加。织物的原料、组织结构和生产方法决定了服装形式。用粗糙坚硬的织物只能制做结构简单的服装,有了柔软的细薄织物才有可能制出复杂而有轮廓的服装。

二、服装与个人外在形象的构建

每个人选择服饰塑造外在形象的目的不同。有的人选择服饰主要为了满足修饰本能;有的人追求外在形象尽善尽美,服装搭配求整洁;有的人要显露超群意识,显示自我个性;有的人却要求淡化自我,最好在一堆人里别显出自己,尤其别超过领导,等等。

服饰搭配当作艺术创作,可以在整体服饰形象上创造出多种意境,比如乡土意境、都市意境、殿堂意境,其中又包括诸种风采(图1-16)。当然,乞丐装的美,是不能指望乞丐去感受的,而穿着牛仔服也不是代表着想变成美国西部牧人。着装艺术的着重点在于讲求服装、佩饰等人体外的物质的选择与配套,这是应当关注的。但更重要的,是服饰与人还构成并产生了着装形象。着装艺术是着装形象的外部活动,服饰思维定势、风俗传承以及审美意识。从人的主观心理来说,主要包括民族心理、社会思潮、个人情趣等。从客观说,又主要包括宏观背景、

图1-16　不同的服装风格

中观环境、微观场合。着装形象就是借助着装艺术的外部活动与文化内涵的张力，活跃在社会大舞台上。鲜衣华服、珠光宝气有时显得俗气，而粗衣布衫、小帽青衿有时又显得与场合格格不入，原因就在于服饰文化的影响。着装艺术与服饰文化，既是形式与内容的关系，又是局部与整体的关系。服饰本身是静态的，只有穿在人身上才能真正体现出应有的美来，因此还有一个人的活动和场合的合理安排。摆在商店里的衣服远没有穿在人身上更富有生气。因为人是活动的，一举手一投足都会给服饰带来生机，随着人的走动和服饰的流动，衣服呈现出千姿百态的变化。尤其是人的举止出于自然而不是故意做作时，服饰也就更具有了超乎于一般艺术品的生命力，一条随风飘舞的裙带，抑或是一道浅浅的皱褶都仿佛是画面中的神来之笔。就变化这一点来说，若把握巧妙，更令人时时处处感受到新的刺激。我们通常穿衣服时会考虑一下是否得体，这里除却时间、地点和场合等外在的因素，恐怕相当重要的一点就是所穿着的服饰本身是否显得成功。有时，衣服会成为我们表露个性唯一的有形线索，尤其是在我们不讲话、不做动作、或在被人们远处关注的时候。衣着通常是用来判断人们层次格调的首要依据，也是在被人仔细端详时，衣服在积极不停地"表达意见"。

　　服装的发展告诉我们，服装的时尚交流是多角度和全方位的，既有本土文化之间的，又有中、外文化之间的。21世纪真正意义上服装文化的时尚交流可以说是从20世纪开始的。其动因主要有两方面，其一是大批国外留学生在回国的同时，将海外的着装观念和穿着方式带进来；其二是受来自美国好莱坞电影文化和海派服装的影响，使一部分进步人士脱去长袍马褂而穿起了西式洋装，以上海为主的大都市女性纷纷打扮成一副"摩登"的模样，追求地道的海派风格。穿着又窄又长的裙子，佩戴椭圆形眼镜、手表、皮包和阳伞，这种打扮在上海滩极为盛行，时髦女性争相

图1-17　老上海画报上摩登女郎的形象

效仿（图 1-17）。同时，旗袍也倍受女性的青睐，这时的旗袍也一改传统的式样，其造型为收腰线、长下摆，显露身体曲线，开衩提高并镶饰花边，领型前低后高。特别是穿在一些女影星和社会名流身上，更显出娇柔典雅的风范，随即成为老少皆宜的新女性的代表性服装。再后来的旗袍相继出现连袖子、对襟、琵琶襟等形式，根据季节和不同的要求，又有单、夹、袄之分，袖子也有长、中、短、松、紧之别，色彩丰富，时尚又有个性。

由此可见，服装的发展是建立在时尚文化之上的，随着时代的更替，文化艺术的拓展，人们知识和情感的深化，其审美需求不断地向服装提出新的要求，因此，服装的造型不断地翻新，以再现时尚文化的新面貌。同样的服装造型，每个时期都会赋予它新的元素和不同的内涵。衣食住行乃国际民生之必须，时尚交流乃服装之必须。

练习题

　　理解服饰的内涵和服饰搭配的概念，对服饰搭配有个初步的了解，试着搭配一套适合自己的服装。

拓展练习

　　中华民族是具有悠久历史的衣冠古国。自商周至战国开始，中国的丝绸就已经辗转贩运到中亚和印度一带。到了汉代，通过著名的中西友好交流通道——丝绸之路，使大量丝帛锦绣不断西运，从而加深了世界对中国服饰的认知。中国历代服饰主要以大袖宽衫为主，历经千百年沧桑。进入民国后，服装款式因受外来潮流和革新思想的影响才有新的变化。回顾中国服饰的发展演变过程可见中国服饰也有受到了外来和不同民族服饰的影响，是以中国古代服饰在保持自身个性之余又融入了多元文化，从而产生千姿百态和璀璨绚丽的华服。请大家从中国历朝历代的典型服饰中选择一款，阐述中国服饰背后蕴藏的文化内涵之美。

本章主要讲述人体结构与特征，服装款式与廓型，体型与服装款式的搭配关系。通过学习，学生能够运用人体造型与服装的理论判断穿衣对象的体型特点，并能针对不同的体型特点进行相应的服饰搭配。

第 2 章
人体形态与服装

第一节 | 人体结构与外形特征

经过了一个炎热的夏天，由于饮食减少，消耗较多，再加上对自己身材的管理，有时候我们发现在不知不觉中，体重减轻了不少。但是，你有没有发现即使自己瘦了，但是恼人的"蝴蝶袖""游泳圈"好像还减不下去。是不是隔壁的姐姐明明体重比你重，但腿看起来比你细，穿裙子比你好看？如果有这种情况存在，我们应该怎么办？能不能从穿衣搭配入手修饰自己的体型？当然能！

要想修饰自己的体型就要了解人体的结构。

一、基础人体

人体是由骨骼、肌肉和皮下脂肪组成的。

骨骼是形成人体年龄差、性别差及体格、姿势的支柱。仅仅是骨骼就能大致推测出合体服装的主要因素。图 2-1 表示了服装设计用的人体骨骼的 3 个方向（前面、侧面、后面）。这张图的特点是以关节为中心，汇总了解剖学的名称。因为服装不仅要适合于静体，同时也必须适合于动体，因此必须特别注意关节的构造。

肌肉与人体外形密切相关，它附着于骨骼与骨骼之间，是使关节运动的器件。人体的前屈和后伸运动是由背、腹肌群对抗，平衡的结果。服装穿着时的牵引、压迫几乎都是由于前屈、后伸运动和上肢、下肢运动所引起的（图 2-2）。

皮下脂肪组织分为储藏脂肪和构造脂肪。储藏脂肪遍布全身，组成皮下脂肪层，形成人的外形和性

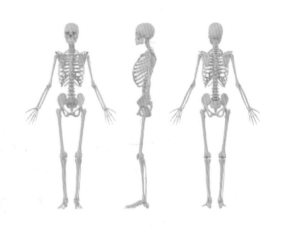

图2-1　人体骨骼

图2-2　人体活动时的状态　　　　　　　　　　　　　　　图2-3　测量人体围度

别差。而构造脂肪与关节的填充脂肪有关。皮下脂肪层与人体的外形有着密切的关系，它形成了体表的圆顺和柔软，使之产生皮肤的滑润。皮下脂肪是服装结构方面必须考虑的地方。

二、人体体型分类

人体体型根据人体部分尺寸的变量有三种分类方法。

1. 围度差分类

相同的胸围，不同的腰围（腹围或臀围），就显示出不同的体型。因此，不同围度的差值可作为区分体型的依据，许多国家都是以三围来制定标准。该方法简单易行，但分类结果不太显著（图 2-3）。

2. 前后腰节长的差分类

前后腰节长的差最能表示正常体与挺胸凸肚或有曲背的体型的差别。但这种方法因忽略了下体，因而下体差别的反映误差过大，而且测量部位不易把握，因此采用也不广泛。

3. 特征指数分类

常用的特征指数有体重与身高的比（又称为丰满指数），某种围度与身高的比，不同围度的比等，在体型分类上经常采用的有罗氏指数、达氏指数等，而这一方法不易被普通人掌握，所以我们也不过多解释。

简单概括来说人的体型大致概括为五种：倒三角形体型、长方形体型、椭圆形体型、三角形体型以及沙漏形体型。每个人都能在其中找到与自己最相似的一种类型（图 2-4）。

图2-4　人体的五种体型

　　三角形体型的人：臀围比胸围大，臀宽也比肩膀宽，显出三角形线条的特征。三角形体型是东方女性中最常见的体型，尤其是上班族女性居多，久坐坐出了游泳圈，腰腹部及大腿根部都看起来比较"强壮"。

　　沙漏形体型的人：三围比例玲珑有致，是公认最"标准"的体型。这种体型天生是个衣服架子，但却更需要穿对衣服来展现美。因为如果其脂肪稍微有些丰厚，丰胸、细腰、肥臀，会使整个形体显的夸张，而且美感尽失。

　　倒三角形体型的人：肩膀宽厚，往往具有上身粗壮下身细，外廓型呈倒三角形线条的特色。脂肪易堆积在背部、臀部，很多倒三角体型的女性朋友的背影可以用虎背熊腰来形容。手臂上的赘肉也比较容易形成蝴蝶袖。

　　长方形体型的人：身材细细瘦瘦的，属于长方形线条，胸部、腰部与臀部的尺寸差距不是很明显。如果比较瘦会看起来缺乏女性的曲线美，S形身材与之无缘；如果胖一点，就会看起来像男生一样，缺乏女性特质。

　　椭圆形体型的人：胸部、腰部与臀部线条都很圆润，三围比例的差距不大，相对来说四肢要稍微纤细一些。

　　只有了解了自己的体型，才有可能针对自己的体型选择最适合自己的服装搭配方案。

第二节 | 服装款式造型的特征

　　服装廓型与款式是服装造型设计的两大重要组成部分。服装廓型是指服装的外部造型线，也称轮廓线。服装款式是服装的内部结构特征，具体可包括服装的领、袖、肩、门襟等细节部位的造型设计。

　　服装廓型是服装造型设计的本源。服装作为直观的形象，如剪影般的外部轮廓特征会先快速、强烈地进入视线，给人留下深刻的总体印象。同时，服装廓型的变化又影响着服装款式的设计，服装款式的设计又丰富、支撑着服装的廓型。

一、服装廓型

　　服装廓型是区别和描述服装的一个重要特征，不同的服装廓型体现出不同的服装造型风格。服装廓型以直观、简洁、明确的形象特征反映着服装造型的特点，同时也是流行时尚的缩影，其变化蕴含着深厚的社会内容，直接反映了不同历史时期的服装风貌。服装款式的流行与预测也是从服装的廓型开始，服装设计师往往从服装廓型的更迭变化中，分析出服装发展演变的规律，从而更好地进行预测和把握流行趋势（图2-5，图2-6）。

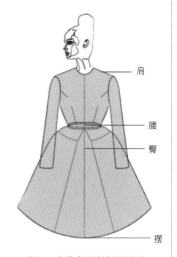

肩

腰

臀

摆

图2-5　服装廓型设计关键部位

图2-6　服装外轮廓剪影

第二章　人体造型与服装

图2-7　A形服装　　　　**图2-8　X形服装**　　　　**图2-9　O形服装**　　　　**图2-10　H形服装**　　　　**图2-11　T形服装**

图2-12　豆荚形服装

图2-13　酒瓶形服装

　　服装廓型虽然在不同历史时期、不同社会文化背景下呈现出多种形态，但探寻其内在规律仍有迹可循。人体是服装的主体，服装造型变化是以人体为基准的，服装廓型的变化离不开服装的几个关键部位：肩、腰、臀、摆。服装廓型的变化也主要是对这几个部位的强调或掩盖，因其强调或掩盖的程度不同，形成了各种不同的廓型。廓型按其不同的形态，通常有几种命名方法：按字母命名，如H形、A形、X形、O形、T形等（图2-7~图2-11）；按几何造型命名，如椭圆形、长方形、三角形、梯形等；按具体的象形事物命名，如豆荚形、郁金香形、喇叭形、酒瓶形等（图2-12，图2-13）；按某些常见的专业术语命名，如公主线形、细长形、宽松形等。

　　服装设计随设计师的灵感与创意千变万化，服装的廓型就以千姿百态的形式出现。每一种廓型都有各自的造型特征和性格倾向。服装廓型可以是一种字母或几何形，也可以是多个字母或几何形的搭配组合。

二、服装款式

　　从理论上说，一套服装的廓型只有一个，但在这个外轮廓里的内部款式的变化却有无数种可能。服装的内部款式设计可以增加服装的实用性，也能使服装更符合形式美原理。从服装的内部款式设计中可以看出设计师设计能力的高低，以及对流行元素的把握。相对于较稳定的服装外部廓型，服装的内部款式设计给了设计师较大的自由发挥空间，设计师可以在细节设计上寻找亮点，从而使设计作品独具匠心。

三、服装的内部款式设计风格

在服装的整体风格中，服装内部款式个性特征的存在是必要的。没有特点的局部将会失去特色，从而使整体风格因缺乏内容而毫无表现力。而与整体风格背道而驰的性格特征又会使服装显得不伦不类，同样也会导致设计作品的失败。服装的内部款式风格与服装廓型的风格应相一致或相呼应，这样才能形成一个完美的造型形态。以典型的服装廓型 H 形廓型和 X 形廓型为例：H 形廓型也称长方形廓型，其造型特点是较强调肩部造型，自上而下不收紧腰部，筒形下摆。H 形廓型使人有修长、简约的感觉，具有严谨、庄重的男性化风格特征。在现代服装中常用在运动装、休闲装、居家服、男装等的设计中。X 形廓型的造型特点是稍宽的肩部，紧收的腰部，自然放开的下摆。X 形廓型是最能体现女性优雅气质的造型，具有柔和、优美的女性化风格特征，其在婚礼服、晚礼服、鸡尾酒礼服和高级时装中表现得最为充分。依据 H 形廓型的风格特征，其内部的造型线设计往往偏重于直线形，或垂直或水平，内外风格一致，内部结构为外部造型的细化与内展，内外相互呼应，把 H 形廓型的简约、庄重的中性化风格特征表达得准确到位。与 H 形廓型的风格特征相反的 X 形廓型，其内部造型线设计往往偏重于曲线形，具体到局部细节表现为，波浪状裙摆、夸张的荷叶边、轻松活泼的泡泡袖等，充分表达了女性的优雅与浪漫。在 X 形廓型的服装中应避免运用直线形的结构，直线形结构往往会减弱或破坏柔美的整体造型感（图 2-14、图 2-15）。

图2-14 H形服装线条　　　　　　　　　　　　**图2-15** X形服装线条

四、服装的局部细节

服装内部的局部细节不是独立存在的，局部与局部之间也是相互关联的。没有特点的局部会使整体风格缺乏内容，但如果每个局部都有各自不同的风格特点，又会使整个服装视点繁多，使人眼花缭乱，进而使整个服装杂乱而无特色。局部搭配不需要面面俱到，这样反而会画蛇添足，往往一处精致的点睛之笔，会使整体服装陡然增色。

深入的了解和分析服装廓型与服装款式设计的相互关系，及它们的发展变化规律，借助服装外部廓型与内部款式设计的巧妙结合来表现服装的丰富内涵和风格特征，是服饰搭配者综合能力的体现。

第三节 | 体型与服装款式的搭配

女性的体型大体分为沙漏形、倒三角形、三角形、长方形、椭圆形。因此，我们在进行服装搭配的时候考虑的因素就不能只考虑衣服的尺码合不合适，上衣下衣款式、色彩是否相配，还要考虑一个非常重要的问题，那就是着装对象是什么体型？其体型适合穿什么样的衣服？怎么利用穿衣服来扬长避短？

体型与服装款式的搭配是有技巧的，学会体型与服装款式的搭配技巧也可以尽可能地凸显自己的个性，增加辨识度。

一、搭配技巧

① "缺什么补什么"。比如说肩膀太窄的人应尽可能地用复杂的领口、挂项链、戴围巾、穿浅色披肩等方式把肩膀在视线中"加宽"。

② "多什么减什么"。比如有的人腰太粗，就尽可能地穿一些收腰的衣服，或者用穿浅色短上衣把腰部的深色套衫露出来，这样的搭配方式可把腰部从人的视觉感受上变得"更细"。

二、体型与服装款式的搭配

1. 沙漏形体型

沙漏形体型的人是很幸福的。因为这种体型女性味很足，穿大多数的服装款式都会非常漂亮。典型的模特就是我们都熟知的玛丽莲·梦露，值得注意的是，如果你个子不高，就尽可能地买一些加强腰部效果的服饰（图 2-16）。

2. 倒三角形体型

倒三角形体型的人在日常穿着中应尽可能地选择一些腰、臀部位带一些结构或者装饰细节的裤装、裙装或者下摆有些修饰的外套，这样可平衡上、下身的比例。需要注意的是，即使倒三角

图2-16　沙漏形体型的人适合的着装　　　　　　　　　图2-17　倒三角形体型的人适合的着装

形体型的人想扮演职场女强人的形象，也不要穿大垫肩的衣服，因为这样会更加宽肩膀的份量，让人看起来非常"强壮"（图 2-17）。

3. 三角形体型

现代社会，三角形体型的人越来越多了，因为人们普遍坐的时间多了。这种体型的人，下半身比上半身宽大。这种体型的人不适合铅笔裙，也不适合瘦腿裤，也不适合闪耀颜色的裤子。三角形体型的人需要做的是尽量减少腿部对别人目光的吸引力。如果上下身衣物颜色不同，那就选择上身浅，下身深；如果上下身颜色相同或相近就选择带褶皱和有设计感的上衣；尽可能去选择直腿或者阔腿裤；如果其腰线漂亮，那就可以选择那些彰显腰身的衣服。总的来说就是尽量不要凸显三角形体型人的腿，这很重要（图 2-18）。

图2-18　三角形体型的人适合的着装

4. 长方形体型

长方形体型的人的身材几乎上下一样粗，也就是说缺乏曲线，所以穿着需要一些技巧，以营造出腰部和曲线。搭配腰带很重要，系上腰带长方形体型的人就像沙漏形完美了。穿夹克或者外套应尽可能选择上衣领部有开口的服装，这些服饰可以延长人的视线，尽可能使人关注穿着者的腰部。高腰和喇叭型的长裤也是很适合的，因为它能营造出腰围，使臀部看上去比较大，以此使人的身体曲线看起来更好（图2-19）。

图2-19　长方形体型的人适合的着装　　　　图2-20　椭圆形体型适合的着装

5. 椭圆形体型

椭圆形的体型可以说是最不标准的体型，但是假如有人不幸就是椭圆形体型，也不用担心，因为完全有可能借助选择服装款式来掩饰和美化人的体型。椭圆形体型的人可以借助制造胸位线来遮掩腹部曲线，高腰位线的服装也可以优化身型。上衣尽可能宽松，但是如果穿着者有锁骨就选择能露出锁骨的大圆领；下装尽可能选择修身的，露出纤细的双腿。这样的选择能帮助穿着者扬长避短（图2-20）。

总的来说，穿衣讲究"量体裁衣"。意思就是一定要首先了解着装对象的体型，再根据其体型特征选择适合的服装款式，遮掩缺点，凸显优势，这是女性提升自我形象的有效方法。

练习题

1. 结合生活实际，简述当今社会中服饰搭配的重要性。

2. 什么是服装的造型美？它由哪些要素构成？

3. 结合你自己的体型特征说说你适合的服装造型。

拓展思考

服饰是民族文化的一种生动、具体的表现形式，是民族文化的历史积淀和民族精神的直接反映。旗袍作为中国传统服饰的不朽代表，在中华文明历史长河中占据着独特而显著的位置，已经变成了永恒的服饰文化象征。旗袍的形制是塑造含蓄、庄重、典雅、温良的女性形象的关键，精巧独到的形制设计是旗袍神韵之魂。形制美主要体现在衣领、前襟、肩、袖、胸、腰、臀、衣摆和开衩等细节当中。立领设计表现出了女性修长柔美的脖颈，目前常用的立领形式主要包括高领、低领、波浪领、水滴领等；衣袖的设计则能使女性的肩膀显得轻盈、柔美；旗袍在胸、腰、臀部上面的线条设计则衬托出东方女性的典雅、娴静气质；开衩下摆增添了几分活泼、轻盈之气。请结合中国女性与西方女性体型特征的不同之处，谈一下旗袍对塑造女性形象的作用。

本章主要讲述色彩基础理论、四季色彩理论、男士和女士四季型人的特征和用色规律。通过学习，学生能够运用色彩基本理论判断自己所属色彩类属性，并能针对色彩属性进行服饰搭配方案分析。

第三章
色彩与服饰搭配

第一节 | 服装色彩理论基础

　　如果一个人的穿着让你印象深刻，一定是色彩最先吸引和打动了你。只有掌握了色彩基本原理，具备了色彩的协调和控制能力，才能轻松驾驭色彩，利用不同的服装风格和色彩完美装饰自己。

　　服装美感主要通过服装三要素来体现，即款式、面料、色彩，三个要素都很重要，但是当我们欣赏一套服装时，会发现自己最先看到的是它的色彩，其次才会注意到款式和面料。这说明我们对服装的视觉印象首先来自于色彩的冲击，色彩的地位更重要一些。还有一个"7秒定律"，即人们对一件服装的印象会在7秒之内形成，经大量测试发现在这段时间内，色彩印象占67%的决定因素。

一、色彩来源

　　科学实验表明，太阳光是由红、橙、黄、绿、青、蓝、紫七种色光组成。而自然界中物体本身是不能发光的，只有当光线投射到物体上时，物体表面对光线进行选择性的吸收和反射最后把不能吸收的色光反射到我们的视觉器官中，才能产生各种色彩感觉。所以，人类识别色彩的三个基本条件就是眼睛、光源和物体（图3-1，图3-2）。

图3-1　光的反射

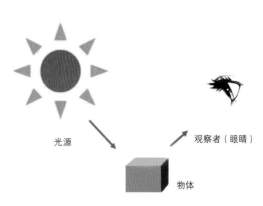

图3-2　色彩的识别过程

光源　　观察者（眼睛）

物体

二、色彩的种类

色彩分为有彩色和无彩色两大类。无彩色是指黑、白、灰色和它们的渐变色。有彩色指有彩度的全部色彩，常见的有红、橙、黄、绿、青、蓝、紫等颜色（图3-3）。

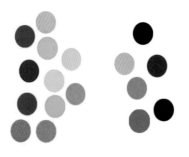

图3-3 色彩的种类

三、色彩的属性

色彩有三个基本属性，分别是色相、明度、纯度，还有一个重要的属性就是色性。

（一）色相

色相是指色彩的相貌和名称，如玫瑰红、天蓝等名称。

（二）明度

明度指色彩的明暗程度，也就是色彩的深浅差别。明度高是指色彩浅淡，明度低是指色彩深暗。色彩明度会随着混入黑色和白色比例的多少而发生变化，混入黑色越多，明度越低，混入白色越多，明度越高。每种颜色都有不同的明度。有彩色中，黄色明度最高，紫色明度最低，无彩色中，白色明度最高，黑色明度最低（图3-4、图3-5）。

根据明度色标（图3-6），明度在0-3的色彩称为低调色，4-6的色彩称为中调色，7-10的色彩称为高调色。高调色淡雅、柔和，如淡粉色、淡蓝色；中调色活泼、明艳，如豆绿色，金橙色；低调色稳重、深暗，如藏蓝色、墨绿色。

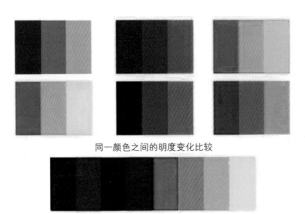

同一颜色之间的明度变化比较

不同颜色之间的明度变化比较

图3-4 明度变化比较

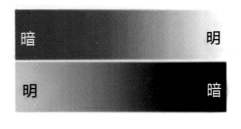

暗　　　　　　明

明　　　　　　暗

图3-5 色彩明度变化

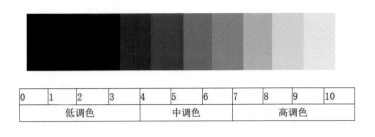

图3-6　明度色标

（三）纯度

纯度是指各色彩中包含的单种标准色比例的多少和程度，也称为鲜艳度、彩度或饱和度。色彩纯度越高，色感越强，色彩纯度越低，色感越弱。当某个颜色混入白色时，它的纯度降低，明度提高；混入黑色时，纯度降低，明度降低；混入相同明度的灰色时，纯度降低，明度不变。

根据纯度色标（图3-7），纯度在0-3的色彩称为低纯度色，如深棕褐、米白，4-7的色彩称为中纯度色，如石青、兰花紫，8-10的色彩称为高纯度色，如黄绿、橘红。

（四）色性

色性是色彩的冷暖属性，是指色彩带给人心理上的冷暖感觉和联想。红、橙、黄色常使人联想起火焰和太阳，让人产生温暖的感觉，所以称为暖色。蓝色常使人联想起冰雪、大海，让人产生寒冷的感觉，所以称为冷色。紫色和绿色因为既包含偏黄的黄绿和偏红的红紫，又包含偏蓝的蓝绿和蓝紫，所以是中性色。在色相环上，红、橙、黄是暖色，蓝是冷色。绿、紫是中性色。色彩的冷暖不是绝对的，是相对的（图3-8），比如柠檬黄和蓝色比较，柠檬黄是暖色，但把它和橘黄色比较，它偏绿，又偏冷了，所以色彩冷暖是在相互比较中显现出来的。一般来说，倾向冷色系的色彩多带有蓝色，倾向暖色系的色彩多带有黄色（图3-9）。

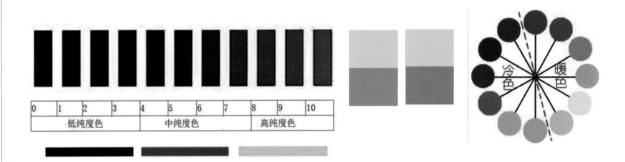

图3-7　纯度色标　　　　　　　　　　　　　　**图3-8　色彩冷暖的相对性**　　　**图3-9　冷暖色划分**

四、色相环

色彩具有多种性格和特点，人们为了弄清楚不同颜色之间的关系，将所有的色彩都安排在一个 360° 的圆环上，这种色相的环状排列叫作色相环。常见的色相环有 12 色相环、16 色相环和 24 色相环等（图3-10）。

色相环是由三原色、二次色、三次色配置组成的。三原色指红、黄、蓝三色，它们可以调配出其它颜色，而这三色却无法被其它颜色调配出来，所以也叫三母色。间色，指两原色等量混合所产生的色彩，也叫二次色，有绿、橙、紫。复色，指用原色与间色相调产生的颜色，也叫三次色。如红橙、黄绿、蓝紫等（图3-11）。

了解色相环的构成能帮助我们掌握色彩之间的关系，对于我们学习色彩搭配是十分必要的。

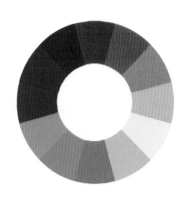

图3-10　16色相环

图3-11　原色、间色、复色

五、色彩对比

当两个以上的色彩放在一起，比较其差别及其相互间的关系，称为色彩对比。一般分为色相对比、明度对比、纯度对比。

（一）色相对比

因色相的差异形成的色彩对比叫做色相对比。可分为色相弱对比、中对比、强对比。色相弱对比包括同类色对比（图3-12）、邻近色对比（图3-13）、类似色对比（图3-14）。色相中对比包括中差色对比（图3-15）。色相强对比包括对照色对比（图3-16）、互补色对比（图3-17）。

同类色对比是指属于同一色相色彩之间的对比。比如：黄和淡黄是最弱的一种色相对比。邻近色对比是指色相环上任意相邻色彩之间对

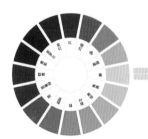

图3-12　同类色对比

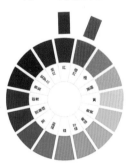

图3-13　邻近色对比

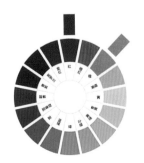

图3-14　类似色对比

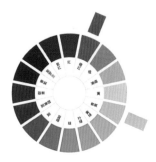

图3-15　中差色对比　　图3-16　对照色对比

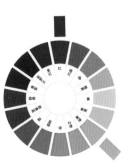

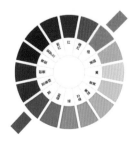

图3-17　互补色对比

比。比如红和橙红属于较弱对比。类似色对比是指色相环上间隔 1 个色相的两种色彩之间的对比。比如：红和橙属于较弱对比。中差色对比是指色相环上大约 90% 左右的色彩之间的对比。比如橙红和青黄，属于中度对比。对照色对比是指色相环上大约为 120% 的色彩之间的对比，比如红和黄绿属于强对比。互补色对比是指色相环上 180° 色彩之间的对比。比如橙和蓝是最强的一种色相对比。

（二）明度对比

是指色彩的明暗深浅程度的对比，也称色彩的黑白度对比。分为明度弱对比、明度中对比和明度强对比。

明度弱对比（图 3-18）包括低调色和低调色对比，如深紫和暗红对比；高调色和高调色对比，如淡粉和淡蓝对比；中调色和中调色对比，如灰蓝和苔绿对比。明度中对比（图 3-19）包括低调色和中调色对比，如深蓝和云杉绿对比；高调色和中调色对比，如淡黄和橘红对比。明度强对比（图 3-20）包括低调色和高调色对比，如墨绿和淡紫对比。

（三）纯度对比

指由于纯度差别而形成的色彩对比，其强弱取决于色彩间纯度差值的大小，分为纯度弱对比、纯度中对比和纯度强对比。

纯度弱对比（图 3-21）包括低纯度色和低纯度色对比，如淡蓝和淡黄对比；高纯度色和高纯度色对比，如大红和湖蓝对比；中纯度色和中纯度色对比，如棕红色和军绿对比。纯度中对比（图 3-22）包括低纯度色和中纯度色对比，如深紫和豆绿对比；高纯度色和中纯度色对比，如湖蓝和砖红对比。纯度强对比（图 3-23）包括低纯度色和高纯度色对比，如深蓝和大红对比。

色彩在人们的社会生活和衣、食、住、行中的作用是非常重要的，色彩对人们的吸引力导致了人们的色彩审美意识，成为人们学会用色彩装饰美化生活的前提因素，而用色彩来装饰自身也是人类最原始的本能。从古至今，色彩在服饰审美中都有着举足轻重的作用。

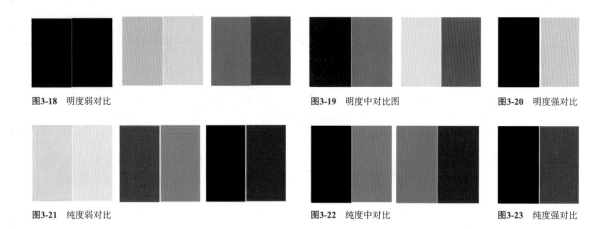

图3-18　明度弱对比　　　　　　　　　　图3-19　明度中对比图　　　　　　　　　图3-20　明度强对比

图3-21　纯度弱对比　　　　　　　　　　图3-22　纯度中对比　　　　　　　　　　图3-23　纯度强对比

第二节 ｜ 四季色彩和四季型人

在日常生活中，我们会发现同一个人穿着不同颜色的皮肤衣服，或者同一件衣服被不同的人穿上都会有迥然不同的效果，或许人们认为这种现象和人的白皙程度有关系，但事实并非如此。每一个人都有自己的适合色彩，选对了色就容光焕发，否则就会显得气色不好，人没精神。因此，找到个人专属色，进行科学的色彩诊断，是做好服饰搭配设计的必备知识。

如何才能找到适合自己的颜色呢？首先，我们要掌握两个概念，一是四季色彩理论，二是人体色。

一、四季色彩理论

（一）四季色彩理论起源

"四季色彩理论"由美国的"色彩第一夫人"卡洛尔·杰克逊女士发明，并迅速风靡欧美，20 世纪 90 年代，该体系被引入中国，并针对中国人色彩特征进行了相应的改造。"四季色彩理论"为人们的服装搭配起到了重要的指导作用。

图3-24　色块一

"四季色彩理论"的重要内容就是把生活中的常用色先进行冷暖划分，再按明度、纯度划分，进而形成四组色彩群。由于每一组色群的颜色刚好与自然界四季的色彩特征相对应，因此，就把这四组色彩群分别命名为"春""夏""秋""冬"色彩群。

其中，色彩的冷暖基调是四季色彩划分的重要依据。下面的两组色块，同样的红黄蓝绿，第一组（图 3-24）看上去是温暖的，因为它含有黄的成分多；第二组（图 3-25）看上去是凉爽的，因为它含有蓝的成分多，以黄为基底调的色彩称为暖基调，以蓝为底基调的色彩称为冷基调。

图3-25　色块二

在"春""夏""秋""冬"四组色彩群中，"春""秋"色彩群中的颜色以黄色为底基调，所以为暖调色彩群，"夏""冬"色彩群中的颜色以蓝色为底基调，所以为冷调色彩群，这就是四季色彩理论的构成。

（二）四季色彩群

春季型色彩：有一类色彩明媚、俏丽、明亮，与春季万紫千红、春光明媚的自然景色一致，因此称其为春季型色彩，有黄绿色、橘红色、杏色、浅水蓝色等。

秋季型色彩：有一类色彩浓郁、饱和、华丽，明度偏中低，比春季型色彩暗一些，与秋季大地丰收、成熟的自然景色一致，因此称其为秋季型色彩，有芥末黄、铁锈红、苔绿色、咖啡棕等。

夏季型色彩：有一类色彩淡雅、清新、柔和，与夏季清新宜人的碧海蓝天等自然景色相似，因此称其为夏季型色彩，有淡蓝色、薰衣草紫、薄荷、水粉色、兰花紫等。

冬季型色彩：有一类色彩鲜艳、饱和、纯正，明度偏中低，比夏季型色彩暗一些，与冬季白雪、红梅、绿松自然景色相似，因此称其为冬季型色彩，有宝石蓝、明黄色、正绿色、紫红色等。

二、人体色

科学研究表明，就像自然界的物体一样，我们的身体也是有颜色的，一般体现在皮肤色、发色、眼珠色上。人体肤色是受血红素、胡萝卜素、黑色素的综合影响而呈现出来的，血红素含量高的人脸色发红，容易出现红血丝，胡萝卜素决定皮肤发黄的程度，而肤色的深浅明暗是受黑色素影响，皮肤内黑色素含量多皮肤就黑，黑色素含量少皮肤就白。因此，血红素和胡萝卜素决定了一个人肤色的冷暖，黑色素决定了肤色的深浅。我们的眼珠色、毛发色等身体色特征，也都是这三种色素的组合而呈现出来的。

人体色中，肤色是判断衣服色彩是否合适的主要依据。每个人的肤色都有一个基调，有的衣服颜色与肤色非常和谐，有的颜色却与肤色互相排斥，使肤色灰暗无光，要找出自己的适合色，便要先找出自己肤色的基调。

人体色根据色彩的冷暖分为暖基调和冷基调（图3-26）。比如，象牙色、小麦色的皮肤偏黄，是暖基调肤色；蓝白色、冷粉色、偏青的黄褐色的皮肤偏蓝，是冷基调肤色。棕色和焦茶色眼珠偏黄，属于暖基调；玫瑰棕的眼珠偏紫色，属于冷基调。棕黄色、亚麻色发色偏黄，属于暖基调发色；灰色头发属于冷基调发色。

所以我们每个人都有自己独有的色彩属性。即使皮肤随着年龄的增长逐渐衰老，这种色彩属性是不会改变的。

暖基调　　　　　冷基调

图3-26　人体冷暖色调划分

三、四季型人特征

四季色彩理论体系对于人体色的色彩属性同样进行了科学分析，并按冷暖、明暗纯度的不同把人区分为四种类型，分别是：春季型、夏季型、秋季型、冬季型人。春季型人的人体色偏暖，较浅；秋季型人的人体色偏暖，较深；夏季型人的人体色偏冷，较浅；冬季型人的人体色偏冷，较深。不仅不同季型的人体色有区别，同一季型人的人体色也有明度、纯度的差异。

（一）春季型人

春季型人整体给人以年轻明媚、活力十足的感觉。人体色按照明度、纯度划分，可分为淡春型，亮春型、柔春型。

1. 淡春型人的特征

皮肤白皙，多为透明的浅米白色，脸颊易现淡桔粉色红晕。眼珠浅棕色。头发多为棕黄色、亚麻色。适合浅淡明亮的暖色。比如淡黄、杏色（图 3-27）。

2. 亮春型人的特征

皮肤多为细腻浅象牙白或黄白色，脸颊易出现淡桔粉的红晕。眼珠棕黄色或棕色。头发多为黄棕色。适合比较鲜艳的暖色。比如日落色、苹果绿、绿松石蓝（图 3-28）。

3. 柔春型人的特征

皮肤为较白皙的象牙白色，脸颊易出现淡桔的红晕。眼珠棕色。头发多为暗棕色。适合柔和、偏灰调的暖色。比如灰豆绿、奶茶色（图 3-29）。

（二）秋季型人

秋季型人人体色较深，整体感觉成熟、稳重。把秋季型人的人体色按照明度、纯度划分，可

图3-27　淡春型人适合的颜色　　　图3-28　亮春型人适合的颜色　　　图3-29　柔春型人适合的颜色

分为深秋型，暗秋型。

1. 深秋型人的特征

皮肤为均匀的小麦色，眼珠深棕色、栗色，眼神沉稳。头发为深棕色、褐色。适合的暖色。比如焦糖色、橄榄绿色（图3-30）。

2. 暗秋型人的特征

皮肤为较深的小麦色、象牙色。眼珠暗棕色，眼神深沉、头发为暗棕色、黑色。适合她们的颜色都是一些中低明度中低纯度的暖色。比如深军绿色、褐色（图3-31）。

（三）夏季型人

夏季型人给人温婉典雅的印象，把夏季型人的人体色按照明度、纯度划分，可分为淡夏型、亮夏型、柔夏型。

1. 淡夏型人的特征

皮肤呈白皙的乳白色、蓝白色，易有冷粉色红晕。眼珠玫瑰棕色，眼白冷白色，眼神和头发多为柔软的黑灰色、暗棕色。适合浅淡、清新的冷色，比如淡蓝、薄荷绿等（图3-32）。

2. 亮夏型人的特征

皮肤呈偏蓝的象牙色，脸颊易出现冷粉色红晕。眼珠呈冷棕色，眼神明亮。头发多为黑灰色。适合略鲜艳

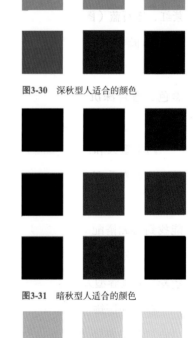

图3-30　深秋型人适合的颜色

图3-31　暗秋型人适合的颜色

图3-32　淡夏型人适合的颜色

的冷色。比如天空蓝、青绿色等（图3-33）。

3. 柔夏型人的特征

皮肤呈带蓝灰调的象牙色，脸颊易出现冷粉色红晕。眼珠呈冷棕色。头发多为黑灰色。适合含蓄柔和的冷色，比如灰蓝、香芋紫等（图3-34）。

（四）冬季型人

冬季型人人体色对比强，给人冷艳脱俗个性强烈的整体印象，把冬季型人的人体色按照明度、纯度划分，可分为深冬型、暗冬型。

1. 深冬型人的特征

皮肤蓝白色或偏青白的黄褐色。眼珠棕黑色、黑色。头发多为黑色、黑棕。适合鲜艳、略暗的冷色，比如紫红、宝石蓝（图3-35）。

2. 暗冬型人的特征

皮肤较深，呈偏蓝的黄褐色。眼珠黑色。头发为黑色。适合深沉晦暗的冷色，比如藏蓝、黑紫色（图3-36）。

四季型人和四季色彩的关系是一一对应和互相匹配的，例如春季型人适合春季型色彩，因此，把一个人的人体色与四季色彩的冷暖明度、纯度特征联系起来，就能找到协调搭配的对应因素，从而找到适合的色彩来装扮自己，使人看起来和谐而美丽。夏季型人适合夏季型色彩。而淡春型人适合春季色彩群中浅淡明亮的色彩。

在选择服饰时我们可参照各季型的人体色特征，看看自己最像哪种，轻轻松松对号入座，利用自己的专属色彩，塑造美好的外在形象。

图3-33 亮夏型人适合的颜色

图3-34 柔夏型人适合的颜色

图3-35 深冬型人适合的颜色

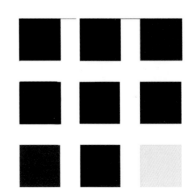

图3-36 暗冬型人适合的颜色

第三节 ｜ 女士服饰色彩搭配规律

图3-37　弱对比搭配

服饰配色会产生三种视觉效果，分别是同一效果、类似效果和对比效果。使用两个同类色就会产生同一效果，属于弱对比（图3-37）。如淡蓝上衣和蓝色裙子，使用两个类似色或邻近色搭配就会产生类似效果，属于弱对比。如黄色上衣和橙色裙子，使用两个中差色、对比色或互补色搭配就会产生对比效果，中差配色属于中对比（图3-38），对比色和互补色搭配属于强对比（图3-39）。如红色上衣和蓝色裙子。

而每个人的人体色特征中唇色、发色、瞳孔色等与肤色间在明度和纯度上也会形成三种色彩搭配关系，分别是弱对比，强对比或中对比。

当服饰配色产生的效果与本身人体色的对比一致时，会产生和谐统一的视觉美感。所以人体色对比关系强就应该选择对比强烈的色彩搭配，人体色对比关系弱就要选择同一、类似或邻近的渐变色彩搭配。人体色对比关系适中就要选择中差色彩搭配。

图3-38　中对比搭配

一、有彩色的搭配规律

（一）春季型人

1. 淡春型人

她们适合浅淡明亮的色彩群，人体色特征对比较弱，带给人柔和的印象。在色彩搭配规律上应遵循渐变的弱对比搭配原则，（图3-40）。典型的色彩搭配组合有：淡黄＋淡黄绿。

2. 亮春型人

适合鲜艳明亮的色彩群，人体色的对比度较高，在色彩搭配规律上应遵响亮明快，中对比或强对比效果的原则，来突出活力和明艳（图3-41）。典型的色彩搭配组合有：象牙色＋浅绿松石色，黄绿＋橘黄，浅暖灰＋金桔。

图3-39　强对比搭配

图3-40　淡春型人适合的穿搭　　　图3-41　亮春型人适合的穿搭　　　图3-42　柔春型人适合的穿搭　　　图3-43　淡夏型人适合的穿搭

3. 柔春型人

适合含蓄柔和的色彩群，带给人沉稳的印象，人体色对比适中，在色彩搭配规律上应遵循中度对比原则（图 3-42）。典型的色彩搭配组合：裸粉 + 豆绿。

（二）夏季型人

1. 淡夏型人

适合清新典雅的色彩群，人体色特征对比较弱，带给人贤淑上品的印象。色彩搭配规律上应遵循同一或邻近色系的弱对比搭配原则，来突出优雅的气质，不适合强烈对比（图 3-43）。典型的色彩搭配组合：薄荷绿 + 云杉绿，牛津蓝 + 冷灰，乳白 + 香芋紫。

2. 柔夏型人

人体色特征对比较弱，色彩搭配规律上适合遵循弱对比的渐变搭配原则，可采用类似或邻近色相的搭配（图 3-44）。典型的色彩搭配组合：蓝灰 + 云杉绿，灰蓝 + 浅葡萄紫。

图3-44　柔夏型人适合的穿搭

3. 亮夏型人

人体色特征对比强度适中，适合遵循弱对比的类似搭配原则或中差配色（图 3-45）。典型的色彩搭配组合：浅正绿 + 蓝紫色。

（三）秋季型人

1. 深秋型人

适合沉稳的色彩群，人体色对比弱，适合在色彩规律上遵循弱对比的渐变效果的原则，来突出成熟和华丽，不适合强烈对比效果（图 3-46）。典型的

图3-45　亮夏型人适合的穿搭

图3-46　深秋型人适合的穿搭　　图3-47　暗秋型人适合的穿搭　　图3-48　深冬型人适合的穿搭　　图3-49　暗冬型人适合的穿搭

色彩搭配组合：金棕色＋南瓜色，驼色＋栗色，褐红＋深金橙。

2. 暗秋型人

适合较深沉的色彩群，给人沉稳的印象，人体色对比弱，适合在色彩规律上遵循弱对比的渐变搭配原则（图 3-47）。典型的色彩搭配组合：深咖啡色＋铁锈红，栗褐色＋砖红，橄榄绿＋深棕。

（四）冬季型人

1. 深冬型人

适合鲜艳对比的色彩群，带给人冷艳的印象，人体色对比度强。色彩搭配上应遵循醒目、对比强烈的原则，来突出高冷的气质，不适合弱对比搭配（图 3-48）。典型的色彩搭配组合：黑色＋品红色，白色＋宝石蓝，皇家蓝＋冰粉色。

2. 暗冬型人

人体色对比度强。色彩搭配上适合遵循强对比或中对比搭配原则（图 3-49）。典型的色彩搭配组合：深蓝＋艳橘红，黑色＋酒红。

图3-50　春季型人适合的穿搭　　　图3-51　夏季型人适合的穿搭　　　图3-52　秋季型人适合的穿搭　　　图3-53　冬季型人适合的穿搭

二、无彩色搭配规律

　　春季型人不适合穿黑色，但可用色群中较深的蓝色、咖色或驼色来代替。春季型人在选择灰色时应选择浅暖灰或中等明度暖灰，与杏色、浅水蓝色、桔红色相配最佳（图3-50）。春季型人适合的白色是略偏黄的象牙白或米白。

　　夏季型人不适合黑色和藏蓝色，厚重的黑色和藏蓝色会破坏柔美感觉。职业装可用深灰蓝、深蓝灰色、海军蓝、紫罗兰色这些较深颜色来代替。夏季型人适合穿灰色可用浅至中度的灰和蓝色、紫色及粉色搭配。夏季型人适合的白色是偏冷的乳白色（图3-51）。

　　秋季型人穿黑色会显得气色不好，可用秋季色彩群中深咖啡色、沙青色、深苔绿代替（图3-52）。秋季型人适合的白色是以略偏的牡蛎色，与秋季色彩群中中明度中纯度的颜色搭配，会显得优雅华丽。灰色不适合秋季型人的肤色。

　　冬季型人最适合藏蓝色深蓝色和黑、白、灰无彩色系列，能体现个性分明、冷艳脱俗的特点。冬季型人适合的白色是纯白色（图3-53）。

　　一个人如果知道并学会运用自己的色彩群和色彩搭配规律，不仅能因为理解了服饰色彩搭配关系而节省装扮时间，还能较好地进行服饰、化妆、发型等的整体形象塑造。

第四节 | 男士服饰色彩搭配规律

　　魅力来自色彩，品味源于风格。在现代社会，男士越来越注重自己的外表，体现个人品味的装扮能使男性增强自信，树立良好的个人形象。而色彩对于人物形象的建立起着极大的帮助作用。适合自己的色彩能使人显得健康、自信。对于大多数男士来说，找到自己的适合色并不难，只要根据每人的人体色进行科学的分析和归类，就可以找到与其相协调的色彩范围和适合的色彩搭配规律。

　　通过前面的学习，我们已经知道人体色特征决定了每个人的色彩群和搭配方式，根据对人体色冷暖、明度、纯度的划分，男士人体也分为春季、夏季、秋季、冬季，但是男性人体色、用色规律和女性相比还是有区别的。

一、春季型男士的用色法则

（一）春季型男士的人体色特征

　　春季型男士的皮肤呈浅象牙白色或米白色。眼珠呈现棕色，眼白略显湖蓝色，眼神明亮。发色为棕色或棕黄色系列。

（二）春季型男士的用色原则

　　春季型人的人体色偏暖，较浅，所以适合浅淡、鲜明的暖色基调色彩群。西服及外衣建议用色有：米白色、蓝灰色、浅暖灰色、驼色、棕色、烟色、黛兰色；衬衫建议用色有：燕麦色、米灰色、鸭蛋青色、鹅黄色、杏粉色、浅水蓝色、绿松石蓝色；休闲及点缀建议用色有：浅绿松石色、金盏花黄色、金桔色、活力橙色、橘红色、苹果绿色等。

（三）春季型男士的色彩搭配原则

　　春季型男士在色彩搭配上应遵循对比的原则，用鲜明的色调对比突出自己的活力。

图3-54　商务装搭配（1）　　　　图3-55　商务装搭配（2）　　　　图3-56　春夏休闲装搭配（1）　　　图3-57　春夏休闲装搭配（2）

1. 商务西装的搭配原则

西装应选择自己专属色彩群中稳重的色彩，如浅暖灰、棕色、驼色黛兰色等，尽量避免黑、藏蓝色，衬衫应选择浅色或柔和的色彩，如浅杏色、米灰色、浅水蓝等。领带应选择略微鲜艳的亮蓝色、桔色等。在色彩搭配上，西装、衬衫与领带应遵循对比搭配原则。比如：浅暖灰色西装搭配象牙白色衬衫、浅水蓝色领带、黑色皮鞋（图 3-54）。可可色西装搭配象牙白色衬衫、中蓝色领带、黑色皮鞋（图 3-55）。海蓝色西装搭配铅灰色衬衫、奶黄色领带、黑色皮鞋。

2. 休闲西装的搭配原则

西装适合色群中浅且明亮的色彩，如浅水蓝、卡其色、米黄色等。衬衫适合浅淡、明亮春夏的色彩，如两色条织、金盏花黄色、鸭蛋青色等。裤装适合色群中浅淡或稳重一些的颜色，如暖灰色、米色或卡其色。

在色彩搭配上，休闲西装与衬衫应遵循对比搭配原则，与长裤适合对比搭配或渐变搭配。如：暖米色西装搭配浅杏色衬衫、象牙色裤子、可可色皮鞋。铅灰色西装搭配奶黄色衬衫、蓝灰色裤子、深灰色皮鞋（图 3-56）。浅水蓝色西装搭配象牙色衬衫、浅暖灰色裤子、棕灰色皮鞋（图 3-57）。

秋冬西装适合色群中纯度、中低明度的色彩，如咖色、栗色、海蓝色、暖灰色等。毛衫适合浅色或鲜艳的色彩，如鹅黄色、浅水蓝等。

在色彩搭配上，休闲西装与毛衫应遵循对比搭配原则，休闲西装与长裤适合对比搭配或渐变搭配。如：可可色西装搭配鸭蛋青色毛衫、暖米色裤子、棕色皮鞋。烟色西装搭配奶黄色毛衫、暖灰色裤子、黑色皮鞋（图 3-58）。浅灰色西装搭配橘黄色毛衫、烟色裤子、黑色皮鞋（图 3-59）。

3. 大衣的搭配原则

大衣色彩中低纯度色彩为主，如棕灰色、咖啡色等。在搭配上，大衣与领巾应遵循对比搭配原则，围巾颜色不要过于鲜艳，如水蓝色、米黄色等。如：可可色大衣搭配暖米色围巾、暖灰色裤子。烟色大衣搭配金橘色围巾、黑色裤子（图 3-60）。浅暖灰色大衣搭配浅水蓝色围巾、深灰色裤子（图 3-61）。

图3-58 秋冬休闲装搭配　　图3-59 秋冬休闲装搭配　　图3-60 大衣搭配　　图3-61 大衣搭配

4. 运动装的搭配原则

上衣适合高纯度、具有运动感的色彩，如活力橙、明黄色亮黄绿色等。裤子适合色群中浅淡或稳重一些的色彩，如浅暖灰、卡其色等。在搭配上，应遵循对比搭配原则。如金橘色衬衫搭配鸭蛋青色T恤、蓝灰色短裤（图3-62）。浅绿松石色外套搭配奶黄色T恤、浅暖灰色短裤（图3-63）。橘红色格纹衬衫搭配象牙色T恤、蓝灰色短裤。

5. T恤的搭配原则

T恤适合高明度或高纯度的色彩，如橘红色、鸭蛋青色等。长裤适合色群中浅淡或略微稳重的色彩，如铅灰色，暖米色等。在搭配上，休闲T恤和休闲长裤应遵循对比搭配原则。如：中蓝色T恤搭配暖米色裤子（图3-64）。浅水蓝色T恤搭配铅灰色裤子。鸭蛋青色T恤搭配烟色裤子（图3-65）。

图3-62 休闲运动装搭配　　图3-63 休闲运动装搭配　　图3-64 T恤搭配　　图3-65 T恤搭配

二、夏季型男士用色法则

（一）夏季型男士的人体色特征

夏季型男士皮肤呈泛青或蓝的乳白色、小麦色眼珠呈现棕色或玫瑰棕色，眼白柔白色；眼神柔和。发色为黑、黑灰或深棕色。

图3-66　商务装搭配（1）

（二）夏季型男士的用色原则

夏季型人的人体色偏冷，较浅，所以适合柔和、浅淡的冷色基调色彩群，西服及外衣建议用色有：深灰蓝、海军蓝、中灰色、深蓝灰色、浅灰色、玫瑰棕色、衬衫建议用色有：浅蓝灰色、淡紫、雾霾蓝、柔薰衣草紫、乳白色、云杉绿，休闲及点缀建议用色有：石英紫、浅柠檬黄、浅正绿、玫瑰粉、覆盆子红、浅葡萄紫、紫罗兰色。

图3-67　商务装搭配（2）

（三）夏季型男士的色彩搭配原则

夏季型人的人体色特征决定了应用淡雅稳重的颜色衬托他们的气质，在色彩搭配上适合同一或类似的搭配原则。尽量避免反差大的色调对比。

1. 商务西装的搭配原则

西装适合色群中中低纯度、稳重的颜色，如深浅不同的蓝灰、灰蓝等。衬衫适合淡雅的颜色，如浅紫、浅蓝、浅蓝绿色、浅灰色。领带适合中低纯度的淡雅色调，如偏灰的蓝色、紫色等。

图3-68　春夏休闲装搭配（1）

在色彩搭配上，西装、衬衫与领带遵循渐变搭配原则。比如：浅灰色西装搭配蓝灰色衬衫、深灰蓝色领带、黑色皮鞋（图3-66）。深蓝灰色西装搭配浅灰色衬衫、天空蓝色领带、黑色皮鞋（图3-67）。海军蓝色西装搭配淡藤紫色衬衫、粉灰色领带、黑色皮鞋。

2. 休闲西装的搭配原则

西装适合色群中高明度中高纯度的颜色，如乳白色、长春花蓝色等。衬衫适合浅色或鲜艳的颜色，如春夏淡紫色、淡蓝色等。在色彩搭配上，休闲西装与衬衫适合渐变搭配或对比搭配，与西裤遵循渐变搭配原则。浅灰色西装搭配云杉绿色衬衫、蓝灰色裤子、灰色皮鞋（图3-68）。乳白色西装搭配牛津蓝色衬衫、粉灰色裤子、黑色皮鞋（图3-69）。粉灰色西装搭配浅藤紫色衬衫、中灰色裤子、灰色皮鞋。

图3-69　春夏休闲装搭配（2）

图3-70 秋冬休闲装搭配（3）

（2）秋冬季休闲西装的搭配原则

西装适合色群中略微鲜艳、稍深一点的颜色，如蓝灰色、洋李紫色等。毛衫适合浅色或鲜艳的颜色，如天蓝色、紫色等。在色彩搭配上，休闲西装与毛衫应遵循渐变搭配或对比搭配；休闲西装与长裤适合渐变搭配原则。这种搭配适合秋冬季节休闲场合，如商务旅行、非正式的私人约会与私人聚会等。如：蓝灰色西装搭配浅藤紫色毛衫、中灰色裤子、黑色皮鞋（图3-70）。深灰蓝色西装搭配牛津蓝色毛衫、深蓝灰色裤子、黑色皮鞋。洋李紫色西装搭配薰衣草紫色毛衫、深蓝灰色裤子、黑色皮鞋（图3-71）。

3. 大衣的搭配原则

大衣、风衣的色彩以保守、稳重的色彩为主，最好与所穿着的西装套装色彩反差不大，如深灰蓝、灰色等。围巾选择能对大衣起点缀作用，但不过分跳跃的色彩，如蓝色、灰色等。

在色彩搭配上，大衣与围巾适合渐变搭配或小面积对比搭配。这种搭配适合秋冬季节正式场合，如出席各类重要的商务活动、访问客户等。如：深蓝灰色大衣搭配天空蓝色围巾、黑色裤子。中灰色大衣搭配深灰蓝色围巾、深灰色裤子（图3-72）。茄皮紫色大衣搭配中灰色围巾、黑色裤子（图3-73）。

图3-71 秋冬休闲装搭配（4）

4. 运动装的搭配原则

运动上衣适合高纯度的色彩，如蓝黄色、玫瑰粉色等。裤子适合色群中稳重柔和的颜色，如淡灰色、灰色蓝等。

在色彩搭配上，上衣与裤装适合渐变搭配，如：浅藤紫色衬衫搭配云杉绿色T恤、深蓝灰色短裤（图3-74）。云杉绿色格纹衬衫搭配浅藤紫色T恤、浅灰色短裤。天空蓝格纹衬衫搭配浅柠檬黄色T恤、深蓝灰色短裤（图3-75）。

图3-72 大衣搭配（1）

图3-73 大衣搭配（2）

图3-74 休闲运动装搭配（1）

图3-75 休闲运动装搭配（2）

5. T恤的搭配原则

T恤适合浅淡或鲜艳的颜色，如：香芋紫、天蓝色、云杉绿色等。长裤适合色群中浅淡或略微稳重的颜色，如乳白色、浅灰色蓝灰色等。

在色彩搭配上，休闲T恤、长裤应遵循渐变搭配原则。如：天空蓝色T恤搭配粉灰色裤子。牛津蓝T恤搭配深蓝灰色裤子（图3-76）。淡藤紫色T恤搭配中灰色裤子（图3-77）。

图3-76 T恤搭配（1）

三、秋季型男士用色法则

（一）秋季型男士的人体色特征

秋季型男士的皮肤偏暖，较深，一般呈现均匀的小麦、眼珠呈现深棕色，眼白略呈湖蓝色，眼神沉稳。发色深棕色。

（二）秋季型男士的用色原则

秋季型人目光沉稳，适合选用浓郁、华丽、浑厚的暖色基调色彩群，特别是大地色系。西服及外衣建议用色有：深咖啡色、栗色、红褐色、亚麻色、午夜蓝色、沙青色、棕红色；衬衫建议用色有：牡蛎白、米杏色、浅卡其色、豆绿色、浅棕茶色、旧天空蓝色；休闲及点缀建议用色有：蜜瓜橙、芥末黄、铁锈红、金棕色、旧苔绿色、凫色等。

图3-77 T恤搭配（2）

（三）秋季型男士的色彩搭配原则

秋季型人的肤色偏较深，具有较强的亲和力。整体印象成熟、稳重，在色彩搭配上应遵循同一、类似的弱对比搭配原则，不适合强对比搭配。

图3-78 商务装搭配（1）

1. 商务西装的搭配原则

西装适合色群中稳重的色彩，如深棕色、咖啡色褐色等。衬衫适合略深一些的颜色，如苔绿、棕红等。领带适合略微鲜艳的棕红色等。

在色彩搭配上，西装、衬衫与领带应遵循渐变搭配的原则。比如：深咖啡色西装搭配牡蛎白色衬衫、褐红色领带、黑色皮鞋（图3-78）。栗色西装搭配亚麻色衬衫、暗红色领带、深棕色皮鞋。铁青色西装搭配牡蛎白色衬衫、金棕色领带、黑色皮鞋（图3-79）。

图3-79 商务装搭配（2）

图3-80　春夏休闲装搭配（1）

2. 休闲西装的搭配原则

春夏西装适合色群中中高纯度的颜色，如苔绿色、驼色等。衬衫适合鲜艳的颜色，如铁锈红、芥茉黄等。

在色彩搭配上，休闲西装与衬衫适合渐变搭配或对比搭配，与长裤遵循渐变搭配原则。如：沙青色西装搭配土耳其蓝色衬衫、金棕色裤子、灰色皮鞋（图3-80）。旧苔绿色西装搭配牡蛎白色衬衫、栗色裤子、棕色皮鞋（图3-81）。浅棕茶色西装搭配旧苔绿色衬衫、咖啡色裤子、棕色皮鞋。

秋冬西装适合色群中略中高纯度中低明度的颜色，如沙青、褐红等。毛衫适合鲜艳的颜色，如南反色、芥茉黄等。

在色彩搭配上，休闲西装与毛衫适合渐变搭配或对比搭配，与休闲长裤遵循渐变搭配原则。如：深油绿色西装搭配亚麻色毛衫、深咖啡色裤子、棕色皮鞋（图3-82）。棕灰色西装搭配南瓜色毛衫、栗色裤子、棕色皮鞋（图3-83）。金棕色西装搭配凫色毛衫、深红灰色裤子、棕色皮鞋。

3. 大衣的搭配原则

大衣、风衣的色彩以含蓄稳重的色彩为主，如灰咖色、栗等。围巾应选择能对大衣起点缀作用，但不要过于鲜艳，如金棕色、苔绿色等。

在色彩搭配上，大衣与围巾适合渐变搭配。如：深棕灰色大衣搭配铁青色围巾、栗色裤子（图3-84）。铁青色大衣搭配金棕色围巾、深棕灰色裤子。栗色大衣搭配旧杏色围巾、中灰色裤子（图3-85）。

4. 运动装的搭配原则

上衣适合鲜艳、具有运动感的色彩，如南瓜色、芥末黄等。裤子适合色群中浅淡或稳重一点的颜色，如红灰色、亚麻色等。

图3-81　春夏休闲装搭配（2）　　图3-82　秋冬休闲装搭配（1）　　图3-83　秋冬休闲装搭配（2）　　图3-84　大衣搭配（1）　　图3-85　大衣搭配（2）

在色彩搭配上，上衣与裤子应遵循渐变搭配如：浅绿灰格纹衬衫搭配南瓜色T恤、棕灰色短裤（图3-86）。旧天空蓝格纹衬衫搭配浅驼色T恤、沙青色短裤。芥末黄色格纹衬衫搭配旧天空蓝色T恤、亚麻色短裤（图3-87）。

5. T恤的搭配原则

T恤适合浅淡或鲜艳的颜色，如：旧杏色、浅驼色芥茉黄等。长裤适合色群中浅淡或略微稳重的颜色，如牡蛎白色、暖绿灰等。

在色彩搭配上，休闲T恤、休闲长裤应遵循渐变搭配。如：南瓜色T恤搭配旧金棕色裤子、灰色鞋子（图3-88）。褐红色T恤搭配深红灰色裤子、黑色皮鞋（图3-89）。浅绿灰色T恤搭配哔叽色裤子、棕色皮鞋。

四、冬季型男士用色法则

（一）冬季型男士的人体色特征

冬季型男士的皮肤为偏蓝的米白色或偏青的黄褐色；发色为黑色。眼珠呈现黑棕色或黑色，眼白呈冷白色。

（二）冬季型男士的用色原则

冬季型男士整体感很高冷、睿智，适合选用强烈、纯正、饱和度高的冷色调。

西服及外衣建议用色有：藏蓝色、黑色、深灰色、深紫色；衬衫建议用色有：纯白色、冰紫色、冰蓝色、冰绿色；休闲及点缀建议用色有：酒红色、柠檬黄、蓝绿色、宝石蓝、皇家蓝、紫红色。

图3-86 休闲运动装搭配（1）　　图3-87 休闲运动装搭配（2）　　图3-88 T恤搭配（1）　　图3-89 T恤搭配（2）

(三）冬季型男士的色彩搭配原则

冬季型人人体色对比强，个性鲜明，在色彩搭配上适合对比强烈的搭配原则。

1. 商务西装的搭配原则

商务西装：适合色群中稳重的颜色，如黑色、灰色、藏蓝色等。衬衫适合无彩色与浅淡冷色系，如黑、白、灰、冰蓝色、冰灰色等。领带适合中高纯度的蓝色和紫红色等。

在色彩搭配上，西装、衬衫与领带遵循对比搭配原则。比如：藏蓝色西装搭配冰蓝色衬衫、酒红色领带、黑色皮鞋（图3-90）。中灰色西装搭配黑色衬衫、酒红色领带、黑色皮鞋。黑色西装搭配纯白色衬衫、皇家蓝色领带、黑色皮鞋（图3-91）。

2. 休闲西装的搭配原则

西装适合色群中高明度或中高纯度的颜色，如纯白色、宝石等。衬衫适合浅色或鲜艳的颜色，如正绿色、天蓝色、纯白等。

在色彩搭配上，休闲西装与衬衫适合对比搭配；休闲西装与长裤适合对比搭配或渐变搭配。如：皇家蓝色西装搭配冰蓝色衬衫、炭灰色裤子、黑色皮鞋（图3-92）。纯白色西装搭配皇家蓝色衬衫、紫罗兰色裤子、黑色皮鞋（图3-93）。冰灰色西装搭配紫罗兰色衬衫、深蓝色裤子、黑色皮鞋。

秋冬西装适合色群中略微鲜艳的颜色，如紫红色、皇家蓝等。毛衫适合浅色或鲜艳的颜色，如冰蓝、正绿色等。

在色彩搭配上，休闲西装与毛衫适合对比搭配原则，与长裤适合对比搭配或渐变搭配。 如：酒红色西装搭配冰灰色毛衫、炭灰色裤子、黑色皮鞋（图3-94）。松绿色西装搭配冰黄色毛衫、炭灰色裤子、黑色皮鞋。炭灰色西装搭配中国蓝色毛衫、中灰色裤子、黑色皮鞋（图3-95）。

| 图3-90 商务装搭配（1） | 图3-91 商务装搭配（2） | 图3-92 春夏休闲装搭配（1） | 图3-93 春夏休闲装搭配（2） | 图3-94 秋冬休闲装搭配（1） | 图3-95 秋冬休闲装搭配（2） |

图3-96　大衣搭配（1）　　　图3-97　大衣搭配（2）　　　图3-98　休闲运动装搭配（1）　　　图3-99　休闲运动装搭配（2）

3. 大衣的搭配原则

大衣、风衣的色彩以含蓄、稳重的色彩为主，如黑色、碳灰色等。围巾选择能对大衣起点缀作用，但不过于鲜艳的色彩，如中灰色、蓝色等。

在色彩搭配上，大衣与围巾适合对比搭配的原则。如：黑色大衣搭配酒红色围巾、深灰色裤子（图3-96）。炭灰色大衣搭配浅灰色围巾、黑色裤子（图3-97）。炭蓝色大衣搭配冰灰色围巾、灰色裤子。

4. 运动装的搭配原则

运动上衣适合高纯度、具有活力感的色彩，如宝石蓝、柠檬黄等。裤子适合色群中浅淡或稳重一点的颜色，如白色、灰色和蓝色等。

在色彩搭配上，上衣与裤子双比搭配，如：酒红衬衫搭配冰蓝色T恤、炭灰色短裤（图3-98）。藏蓝色T恤搭配柠檬黄色卫衣、中灰色长裤（图3-99）。中灰色格纹衬衫搭配蓝红色T恤、深蓝色短裤。

5. T恤的搭配原则

T恤适合浅淡或鲜艳的颜色，如：淡蓝、酒红、宝石蓝等。长裤适合色群中浅淡或略微稳重的颜色，如纯白色、黑色、灰色等。

在色彩搭配上，休闲T恤、长裤适合对比搭配。如：皇家蓝色T恤搭配纯白色裤子（图3-100）。酒红条纹T恤搭配冰灰色裤子（图3-101）。柠檬黄色T恤搭配黑色裤子。

图3-100　T恤搭配（1）

图3-101　T恤搭配（2）

练习题

1. 根据四季色彩理论，分析自己的人体色特征，鉴定自己的色彩类型。

2. 帮朋友或亲属鉴定色彩类型，帮她（他）们找到适合的色彩群和色彩搭配方式。

3. 根据不同季型人的人体色特征，分别为女士四季型人和男士四季型人做一组服饰配色。

拓展思考

在中国当代美术界流行的"高级灰"，终于在2018的电视剧《延禧攻略》里火了一把，剧中的视觉配色舒缓宁静，充满高级感。高级灰的代表"莫兰迪色"趁势抢修起审美的门槛，但是延禧色并不是莫兰迪色，而是属于我们的中国传统色调。中国传统色的基础从五色观而来，以墨调和，色彩纯而不艳、灰而不脏，有历史沉淀的厚重感。同学们可在网上搜索中国传统色彩RGB色卡，根据所学理论，从中选择一些适合自己的色彩，设计三套中国风的服饰色彩搭配方案。

本章主要介绍了服饰图案搭配的
规律、法则、方法和技巧；服饰图案
与服装整体风格的关系；服饰图案的风
格、服饰图案形象的塑造及服饰图案的应
用。通过学习使学习者能够运用服饰图案
的基本原理设计合理的服饰搭配方案。

第 4 章
图案与服饰搭配

第一节 | 服饰图案的特点和种类

　　服饰是实用性和艺术性完美结合的生活日用品，服饰图案是服装及其配件上的装饰。往往服装上的服饰图案是表现你的文化修养，体现你的个性的重要要素，是一件服装的画龙点睛之笔，掌握它的使用规律、法则、方法和技巧，逐步结合实际进行搭配是我们学习服饰搭配需要掌握的技能之一。

　　服饰图案是用于服装以及配件上的具有一定图案结构形式，并经过夸张、变化、象征、寓意等抽象的艺术形式而定型的装饰图形和纹样。具有美化、表意、点缀、烘托、充实造型、创造风尚的作用。服装图案对服装有着极大的装饰作用。虽然在服装构成中缺少图案作装饰也能成为完整的服装，但是没有图案的时装实在是越来越少了。服装设计有赖于图案来增强其艺术性和时尚性，因此，服饰图案也成为人们追求服饰美的一种特殊要求。服装图案将越来越多地融入到当代男女时装设计及儿童服装设计之中，成为服装风格的重要组成部分。所以服饰图案在服饰搭配艺术中不仅是重要内容，同时也是服饰艺术中的重要组成部分，是服装搭配不可缺少的艺术语言。

一、服饰图案的特性

　　服饰和其它实用艺术品一样，具有物质的和精神的双重作用，既有实用功能，又具审美价值。服饰图案虽然属于意识形态的范畴，也是一定的社会生活在人们头脑中反映的产物，但在绝大多数情况下，它的思想意识体现在人们喜闻乐见的、新颖的、充满生命力并具有时代气息的主题和艺术形式上。

1. 服饰图案的标志性

　　服饰图案不但能起到美化人民生活的作用，而且还有着显著的标志作用。如周朝的君臣用不同的十二章纹样的冕服（图4-1）；宋代用服色来区分官职；明清两代又形成了带有"文禽武兽"图案的补子服等。不但中国服饰图案具有标志作用，在欧洲某些国家的民间服饰纹样（图4-2）也同样具有标志作用。如鸽子代表和平、百合花象征圣洁、橡树显示神圣和永恒的力量等。在现

图4-1 周朝十二章纹样冕服

图4-2 欧洲民间服饰

代社会里，由于每个人在社会上的角色和作用不同，因此，服装也是千姿百态。在某些特定的服装中，尤其是在职业服装中，服饰图案仍然具有很强的标志性。如在军服、警服、学生服、学位服、运动服、睡服、泳装等中。

2. 服饰图案的民族性

服饰图案还有民族性的特点。许多世界上著名的服装设计大师都是从浓郁的民族图案文化中汲取营养，成长发展起来的。不同的国家、不同的民族在图案纹饰方面存在着差异性，这与国家的地理位置、习俗、气候条件、审美情趣等因素有关（图4-3）。

3. 体现时尚、表达情感

服饰图案具有灵活的应变性和极强的表现性，能够及时、鲜明地反映人们的时尚风貌、审美情趣、心理诉求、情感表达和情绪宣泄。服饰图案的自我表述能力及自身独特的情感特征，使现代社会中人们在追求自我个性和文化认同时能得到独特的发挥。例如，这几年流行在街头上的文

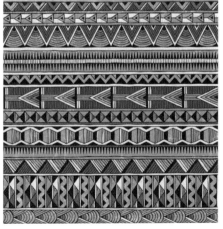

图4-3 非洲民族图案

图4-4　街头文化衫

化衫（图4-4），便是人们在特定时期、特定环境、特定的文化背景下对自我情感的一种张扬。服饰图案以口号、标语、图案的形式将现代社会中人们的喜、怒、哀、乐生动地勾勒出来。

二、服饰图案的分类

服饰图案可以按艺术形态、装饰手法、工艺形式、构成形式和图案主题五个方面内容进行分类。

1. 按艺术形态分类

服饰图案从艺术形态上可分为平面图案（图4-5）和立体图案（图4-6）两种形式。平面图案是指在平面上的装饰纹样。其表现特征是以装饰纹样为重点，包括纹样的造型、组织和色彩。立体图案的表现特征是以具有三度空间的立体造型为重点，包括立体造型的形态、结构、装饰和色彩。如头饰、各种纽扣；以不同面料制成的立体花、胸花、领结、穗带、花束等。另外，鞋、帽、包、袋、项链、腰带、首饰等也都属于立体图案。

图4-5　平面图案　　　　　　　　　　图4-6　立体图案

图4-7　具象图案　　　　图4-8　抽象图案　　　　图4-9　印染图案

2. 按装饰手法分类

服饰图案丰富多彩，式样万千，但就其装饰手法而言，不外乎是具象图案（图4-7）与抽象图案（图4-8）两大类。具象图案是以客观存在的自然物与人造物为素材，对物象进行艺术概括、加工，使之成为符合设计要求的纹样；抽象图案一般是指几何图案，包括平面构成和立体构成的几何形纹样。

3. 按工艺形式分类

按工艺形式分类，服务于服装的有印染图案（图4-9）、手绘图案、拼接图案、刺绣图案等。其中印染图案又有圆网印、丝网印、直接印花、蜡染、扎染等。还有剪纸图案、漆绘图案、陶瓷图案、雕刻图案、景泰蓝图案、金属点缀图案、贝壳镶拼图案等。

4. 按构成形式分类

图案按自身的构成形式可分为独立形（图4-10）和连续形（图4-11）两大类。判断是否连续就看这个图案本身是否可以反复循环。

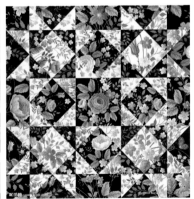

图4-10　独立形图案　　　　图4-11　连续形图案

第四章　图案与服饰搭配

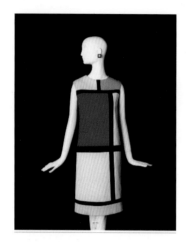

图4-12 抽象几何图案服装

5. 按图案主题分类

　　首先，在现代服装中以动物形象作为服饰图案已得到广泛的应用，有家禽、家畜、虎、豹等，这些动物图案常以夸张和变形的手法显现于服饰图案中，使服饰图案更丰富、生动，更具有视觉冲击力。其次是服饰中的自然图案，如空中的祥云、森林中的树木、盛开的花朵等，这些图案作为服饰图案在服装上的运用一直处于统治地位。如2008年奥运会上中国运动员的服装是以祥云作为服饰图案装点。再次是几何图形图案，几何图形图案一般为方形、圆形、三角形、菱形、多边形等形式，人们对这些图形加以艺术性、创造性地发挥而形成为抽象几何图形。抽象几何图案（图4-12）在服饰中的运用所创造出的效果是极具特色的。如蒙德里安风格的服饰图案。最后是服饰中的人物图案，人物图案是以人物形象为原型，进行夸张变形，并常以卡通图案的形式出现在服装上。

　　服饰图案可以充分展示服装鲜明的个性特点，使服装散发出独特的艺术魅力。原料的质感、图案的线型及组织结构决定了服装面料的自然肌理；合适的面料及正确的工艺手法是形成理想的服装图案的先决条件；合理的组合或镶拼是服装面料组合图案的运用技巧。新颖的图案在服装搭配中的运用，总是带给人们意想不到的惊奇，甚至是震撼。

第二节 | 图案在服饰中的运用

　　服饰图案是服饰艺术的重要组成部分，是服装不可缺少的艺术语言。在服饰中具有塑造形象、传达信息、体现时尚、表达情感、展示个性的特点。服饰图案在服装搭配中的运用必须根据着装者所处的不同时间、地点、场合采用不同的图案，才能达到和谐统一的效果，体现出着装者的风格和提升着装者的气质。

　　服饰图案在服装中的和谐运用可以展现人们的审美意识，传达人们的时尚观念、突出着装者的服饰形象、并增添服饰的艺术魅力，满足人们的审美需求和达到情感上的愉悦。

一、服饰图案在家居生活装中的运用

　　家居生活装（图4-13）是指在家庭范围内所穿的服装。包括；便装、睡衣等。这些服装在造型上是宽松随意的，其装饰图案也比较简洁，色彩比较明快。比如，睡衣图案大多以条格、印花为主，或在同色面料的服装上点缀绣花图案及手绘图案，并加以花边、抽褶、绣花等工艺做装饰，营造出温馨自在的家庭气氛。

图4-13 家居生活装

图4-14 休闲装

图4-15 交警制服

图4-16 民航制服

二、服饰图案在休闲装中的运用

　　休闲是一种生活方式，是在业余时间闲散状态下的自我放松。因此休闲时所穿服装必然比较随意、舒适、放松、便捷。休闲装的款式造型十分自由，图案的表现形式与风格相当广泛，一般具有色彩明快、清新的特点。图案的运用一般在前胸、后背、袖子、腿部、下摆等处，常以对称或不对称，散点或连续等形式出现。休闲服装的图案运用既装饰服装，又体现了人们的个性，同时也表达了人们在休闲状态下的轻松心情（图4-14）。

三、服饰图案在职业装中的运用

　　职业装的功能是把着装者带入一种工作的状态，使其适应这种工作性质，并向社会表明着装者的职业和责任。服饰图案在职业装上运用的面积比较小，常以点和线的形式出现。如徽章、标志性的图案等。职业装服饰图案的造型较简洁，色彩较明快。在图案纹样中把职业的文化、职业的约束、职业的指示性等内容经过提炼和设计，运用到服装上不同部位，如领角、前胸、袖子等，从而使服装具有职业特征。如交通民警的制服（图4-15）、餐饮业的服装、民航制服（图4-16）等。

四、服饰图案在运动装中的运用

　　运动装可分为日常生活运动装和职业运动装，日常生活运动装是在户外运动状态下的服装（图4-17）。如郊游、登山所穿的具专业性的服装，款式造型简洁、宽松舒适。职业运动装是职业运动员在特定的环境中从事各类体育运动时所穿的服装。服装的造型与图案根据运动项目的不同有所差异。如游泳、体操运动要求服装合体。武术、摔跤运动要求服装宽松、舒适及活动方便。运动装的图案一般造型简洁、流畅并具有动感，多以抽象几何形为主，色彩纯度高，对比强烈，有较强的视觉冲击力。

五、服饰图案在礼服装中的运用

礼服包含晚礼服、婚礼服、团体形象礼服等（图4-18）。为了适应不同的场合、不同的环境，礼服在图案的运用上也有所不同，如晚礼服一般由刺绣、珠片、宝石等饰物组成图案，礼服图案面积的大小及图案的形式一般根据服装的风格来确定，图案的装饰部位非常讲究，所表现的是服装的奢华。礼服图案的色调柔和，运用在服装上主要是表现着装者的优雅与高贵。

图4-17　运动装

六、服饰图案在儿童服装中的运用

儿童正处在智力、身体的发育期，服饰图案在童装中可以装饰童装，还可以开发儿童的智力（图4-19）。因此童装上的服饰图案大多是以夸张和拟人的手法设计而成，如变形的花朵小树、卡通动物、卡通人物、动漫人物等。图案多采用清新、明快的配色。

总之，服饰图案在服装中的运用必须构成和谐的穿着氛围，从图案造型上来说，即造型元素的各部分需有一种恰到好处的协调。因为如果只有变化而无统一会显得散漫而杂乱，而只有统一却无变化又会流于单调和枯燥。图案搭配的和谐，就会使搭配的服装显示出整体协调的美感，从而达到真正意义上的和谐之美。

图4-18　礼服

图4-19　童装

第三节 | 图案在服饰中的作用

    人类生活中衣、食、住、行、用的方方面面都离不开图案的装饰，尤其是服饰图案的运用最为突出。世界上千千万万的物品，五光十色的装饰，幽雅宜人的环境，都是先作图案的设计，然后根据图案的构想制作完成的。

一、服饰图案的风格

    风格是一个时代、一个民族、一个流派或一个人的艺术作品所表现出来的主要的价值体系和艺术特点。创造服饰图案的艺术风格，除了运用不同的题材、材料及表现手法，最重要的是服饰图案的风格要与表现的服装款式相吻合。

    在原始社会，图案典型的体现载体是彩陶。这些彩绘图案大体可分抽象和具象两大类。专家考证认为抽象的几何纹样是由鸟、鱼、蛙等具体的图形演变而成，极富装饰特色。具象的图案如编结的渔网、颇有风趣的热舞，饶有情调的舞蹈场面，无不表现着浓郁的原始生活气息和人类美好的理想。奴隶社会的服饰图案风格，可以从当时的青铜器上的精美纹饰了解。青铜器图案以云雷纹为主要形式，还有饕餮纹、夔纹、蝉纹、鸟纹、蚕纹、羊纹、自然气象纹和几何纹（图4-20）。殷商时代，人们已经熟练地掌握了丝织技术，并改造织机，发明了提花设备，织出了许多精美瑰丽的丝绸。秦汉时期，纹样的疏密、层次的虚实，布局得当，明暗对比强烈，织物纹样题

图4-20 中国古代青铜器上的纹饰

图4-21 中国服饰上的图案

材，以飞扬的云气纹和吉祥寓意的文字相结合。唐代图案富丽堂皇，颜色艳丽，以禽兽纹样区分文武官员，典型的代表纹样是宝相纹和龟背纹。宋代的整体装饰风格显得比较拘谨和保守，代表纹样是紫地鸾鹊纹缂丝图案。元代喜欢穿夹金织成的面料，纳石失就是著名的品种。明代是我国古代图案遗产最丰富、存世最多的时期，著名的如"五福捧寿"宝相花纹等。清代图案纤细繁缛，层次丰富。辛亥革命以后的服饰特点是中西并存，图案精美（图 4-21）。

二、服饰图案形象的塑造

图案造型也称图案形象塑造。图案不仅要设计并绘制出来，而且要通过工艺手段和具体材料制造出来。我们写生所搜集到的素材，虽然经过了艺术概括和取舍，但仍达不到图案形象的审美或工艺制作要求，必须将它进一步提炼、加工为装饰形象，以适应实用、经济、工艺制作的特点。下面介绍图案造型常用的几种方法：

1. 写实手法

采用写实手法塑造的图案形象比较接近于写生的形象。它是将写生稿结合写生之前观察所得的整体印象，进行适当的艺术整理加工（图 4-22）。

2. 夸张手法

夸张是图案造型中运用得最为普遍、最主要的方法之一。所谓夸张就是将客观物象最美的、最典型的、最主要的和本质的部分进行艺术加工，加以强调，使之表现得更为强烈、集中、生动、鲜明与完美（图 4-23）。

3. 组合手法

所谓组合就是将几种相同或不同的形象，通过巧妙的构思将它们组合在一起。这是一种具有创造性的方法，它所描绘的形象一般是已经经过夸张变形了的形象（图 4-24）。

图4-22　写实的服饰图案　　　　　　　　　　　　　　图4-23　夸张的服饰图案

图4-24　组合服饰图案

三、服饰图案的应用

1. 审美情趣与个性表现

　　服饰图案的应用，关系到人们审美的情趣，关系到人们个性的体现。因此，恰如其分的服饰图案可以给服装增添艺术魅力，提高服装的档次，并在服饰搭配中起到良好的作用。服饰图案是服装及其附件的一个组成部分。它服从于整体服装设计的活动，通过生产环节显现其价值。因此，服饰图案不是一件独立的艺术品。在构思方面，服饰图案构思与艺术创作构思有着相同之处，又有其自身的特点。

2. 借鉴其他艺术门类

　　服饰的图案设计是一门综合性很强的学科，涉及到政治学、经济学、美学、人体工程学、商品学、市场学、美术史、服装史等多方面知识。在艺术创作中，虽然各种艺术有各自的特点，但

图4-27 借鉴波普艺术图案

图4-25 借鉴青花瓷图案　　　　图4-26 借鉴纸扇艺术服饰图案

图4-28 日常服图案

是在艺术原理上，他们互相影响，又互相联系，共同发展。作为艺术中一个门类的服饰图案也是同样如此，他与其他姐妹艺术如：诗歌、音乐、戏剧、舞蹈、绘画、书法、建筑、雕塑等一脉相承，这些不同形式艺术的变化和发展，在服饰图案设计时通常可以加以借鉴和运用（图4-25、图4-26、图4-27）。

3. 主题设计

主题设计是在充分感受自然美的基础上进行构思，以某种主要特点，创造出某种风格的服装。

（1）图案与款式风格相协调，服饰图案的设计风格因款式而异。

日常服：图案装饰应灵活而随意，朴实而轻巧，图案题材可广泛使用（图4-28）。

社交服：图案设计应庄重而不失华贵，根据社交服的特点进行装饰（图4-29）。

礼仪服：要求服装高贵、典雅，图案装饰也应华丽（图4-30）。

图4-29 社交服图案　　　　图4-30 礼仪服图案

图4-31　适合年轻人的服饰图案　　　　　　　　　　　　　　图4-32　适合年长者的服饰图案

除了在服装上装饰图案外，其他配件也应该与服饰风格相协调，随着款式风格的变化而考虑配件的种类与造型变化。

（2）考虑使用对象的心理需求。

由于体现在服饰上的图案最终是对人的装饰，而人又有男女老幼、高矮胖瘦之分，不同年龄段的人对图案的题材、色彩等有不同的需求（图 4-31、图 4-32）。

（3）展示工艺美

现代科技的发展，使人们建立了时代美的新观念。服饰图案将随着新材料、新技术、新功能的不断出现更好地发挥其装饰作用。在服饰图案设计时，要考虑选用何种恰当的材料或工艺，才能够充分表现其设计意图。工艺的选择除前面介绍的扎染、蜡染、手绘、刺绣、印染外，还可以采用中国传统的工艺如编结、盘带，采用现代流行时尚的工艺如烫金等装饰工艺，利用新工艺，更好地展示更新更美的工艺肌理效果（图 4-33）。

服装面料是服装设计师诠释服装流行主题和诠释个性的载体。服装面料的自然服饰图案、创新图案和组合图案在服装设计中的巧妙运用，可以充分展示服装鲜明的个性特点，使服装散发出独特的艺术魅力。

图4-33 不同的服饰图案工艺

练习题

1. 服饰图案的分类有哪些？
2. 举例说明在服装搭配时如何协调服饰图案的和谐性。

拓展思考

　　中国传统服饰纹样是中国最具代表性的元素之一，如今很多服装设计都采用中国传统服饰纹样元素，并且在世界各国都产生了深远的影响。不同的纹样有不同的意蕴，也象征着不同的身份和等级。这不仅体现了文化的特征，同时也体现了艺术审美的独特性。如自古以来中国人把龙寓为吉祥之物，在古代龙的纹样只有皇权贵族能使用。龙袍的纹样采用也是精益求精，龙袍上的五彩纹也是必不可少的，寓意吉祥，海浪纹一般在龙纹两边，寓意"一统江山"。中国传统服饰纹样在现代服饰设计中的广泛应用，如"民族风"的设计，在现代的服装设计中融合了传统民族服饰的纹样，再加以创新，形成一种全新的艺术符号，在当今时代潮流下形成一种趋势。很多国外的设计师也借鉴我国的传统服饰纹样元素加以设计，"民族风"在国际舞台上也尽显光彩。请结合你喜欢的一个服装品牌的服饰图案设计，说一下中国传统服饰图案在现代服装应用时从哪几个方面进行变化，以适应时代需要。

此章主要讲述服装材质的分类及特性、服装材质的五种综合风格及如何利用服装材质来进行服饰搭配，塑造服饰形象。通过学习，学生能够运用服装材质的风格针对不同人群进行服饰搭配方案分析。

第 5 章

材质与服饰
搭配

第一节 | 服饰材质的分类与特性

无论多么完美的服装造型和服装色彩都需要通过服装材料才得以体现，服装材料在服装构成中起着基体的作用，服装材料的风格和质地对服装款式具有很大影响，在进行服饰选择与搭配的过程中，服饰材质对人的美化作用，丝毫不比服饰造型与色彩逊色。服饰材质包括很多种类，每一种材质都呈现不同的特性。

一、根据材质原料的来源分类

服饰材质根据材质原料的来源分为天然纤维、化学纤维、新型纺织纤维和裘皮与皮革四大类。

1. 天然纤维

从植物或动物身上获取，可直接用于纺织的纤维。常用的天然纤维包括棉、毛、丝、麻四大类，由天然纤维经过纺织加工形成的服装材质，属于天然纤维材质，如全棉织物、全毛织物、全麻织物，具有优良的服用性能（图5-1）。

2. 化学纤维

以天然或人工合成的高聚物为原料，经过特定的加工工艺制成（图5-2）。根据原料来源和制造方法的不同又可以分为人造纤维织物和合成纤维织物，两者的性能和风格特征都不相同。

图5-1　棉花与桑蚕

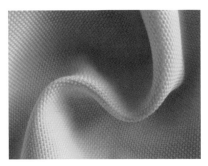

图5-2 合成纤维—涤
纶面料

3. 新型纺织纤维织物

利用高新技术改良后的天然纤维和化学纤维织物，如纳米纤维织物，新型再生蛋白质纤维织物，异性纤维材料（图5-3）。新型纺织纤维织物融合了更高环保健康需求，开辟了科技、健康的穿着新理念。

4. 裘皮与皮革

动物的毛皮经过深度加工处理成为服装材料，通常有裘皮和皮革两类。裘皮又称毛皮，是由动物毛皮经过鞣制加工处理成的，而把经过加工处理成的光面皮板或绒面皮板称为皮革。裘皮和皮革，按其来源可以分为天然和人造两种（图5-4）。

图5-3 新型纺织纤维织物

图5-4 裘皮和皮革

二、根据织物的成分分类

服饰材质根据织物的成分可分为纯纺织物、混纺织物和交织物。

1. 纯纺织物

织物的经纬纱线均采用同一种纤维织成的织物，包括天然纤维纯纺织物、化学纤维纯纺织物。纯纺织物的性能主要由组成纤维的性能决定（图5-5）。

2. 混纺织物

织物的经纬纱线均采用两种或两种以上的纤维混纺织成的织物，混纺织物同时具备了组成原料中各种纤维的优越性能（图5-6）。

3. 交织物

织物中的经纱和纬纱采用了不同种纤维的纱线或同种纤维不同类型的纱线织成的织物。交织物不仅具有不同纤维的优良性能，而且还具有经纬向各异的特点。

三、根据服装材质的组成结构分类

服饰材质根据服装材质的组成结构分为机织物、针织物、非织造物和复合织物四大类。

1. 机织物

由相互垂直配置的两个系统的纱线——经纱与纬纱，在织机上按照一定规律纵横交错织成的制品。机织物品种丰富，具有布面平整，结构稳定的优点（图5-7）。

图5-5 纯纺织物

图5-6 混纺织物

图5-7 机织物

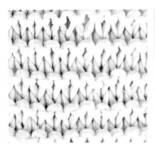

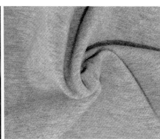

图5-8 针织物　　　　图5-9 非织造物　　　图5-10 棉花与棉织物

2. 针织物

针织物是由一根纱线或一组纱线在针织机织针上弯曲形成线圈，并相互串套连接而成的制品。针织物具有良好的弹性、柔软性、保暖性、通透性和吸湿性。常被用来制作内衣、紧身衣和运动衣（图5-8）。

3. 非织造物

未经过传统的制造工艺，直接由短纤维或长丝铺制成网，或由纱线铺制成层，经机械或化学加工连缀而成的片状物（图5-9）。

4. 复合织物

两种或两种以上的织物或其他材料上下复合，形成新的多层结构的服装材料。

四、按织物的风格分类

服饰材质按织物的风格分为棉织物、毛织物、丝织物和麻织物四大类。

1. 棉织物

以棉纱纯纺或棉与棉型化纤混纺织成的织物，包括各类纯棉织物、涤棉织物等。棉织物手感柔软、光泽柔和、吸湿透气性好、外观朴实自然、穿着舒适。但弹性较差、易缩水、易霉变（图5-10）。

2. 毛织物

以羊毛、兔毛等各种动物毛及毛型化纤为主要原料织成的织物，包括纯纺、混纺和交织品。毛织物是高档服装面料，结构细密、织纹清晰、呢面洁净、富有弹性，手感滑糯、具有蓬松、柔软、丰厚、保暖的特点（图5-11）。

图5-11 羊毛与毛呢大衣

图5-12　蚕丝、丝绸、真丝旗袍

3. 丝织物

丝织物是用天然长丝或化纤长丝纯纺或交织而成的织物。外观光泽明亮、绚丽多彩、柔软滑爽、悬垂飘逸、高雅华丽，有"纤维皇后"的美誉。具有明亮的光泽，手感柔软、光滑，悬垂性能好（图 5-12）。

4. 麻织物

采用天然麻纤维纯纺或仿麻原料织成的织物。麻织物吸湿透气性好、穿着凉爽舒适，适合夏季穿用，外观具有粗犷、自然之风，独具野性、淳朴之美。但手感略硬，弹性差，而且易产生褶皱（图 5-13）。

图5-13　麻布与亚麻服装

第二节 | 服装材质的综合风格与服装造型

　　服装材质的综合风格是指由材质的色感、光感、质感、型感、肌理等方面的因素综合表现出来的外在观感，每一种材质的外观各不相同，具有各自独特的个性，它是表现服装美的重要因素。

一、服装材质的综合风格

1. 服装材质的光感

　　服装材质的光感是指材料表面的反射光所形成的视觉外观。材料的纤维原料、纱线的捻向、纱线的光洁度、织物组织以及后整理都会不同程度地影响材料的光泽度，从而影响光感。光泽面料在光线的照耀下会呈现出华丽、前卫、富贵之感，在款式上适合礼服、表演服、社交服等时尚服装。光泽感强的面料在视觉上会产生膨胀、扩张之感，因此适合体形匀称者。

　　光泽感较强的材质包括丝缎类织物、荧光涂层织物、金属亮片、金银丝夹花织物、轧光织物、漆面皮革材质等（图5-14）。

　　光泽感较弱的材质包括棉麻材质及经过水洗、磨绒和拉毛的材质，具有朴素、稳重、醇厚、

图5-14　丝缎类、涂层类、亮片类、漆面皮革类材质

图5-15 光泽感较弱的服装

内敛之感。适合制作一般的生活、休闲服装，一般适合各种体型穿着，但过于厚重而粗糙的纹理则会产生膨胀感，不宜胖人穿用（图5-15）。

2. 服装材质的色感

服装材质的色感是指由材料本身所具有的色彩或图案形成的外观效果。它受到原料的染色性能、染料、染整加工等方面的影响。

服装的色彩是通过服装材质体现出来的，材料的纤维染色性能和组织结构不同，对光的吸收和反射程度不同，带给人的视觉感受也不同。如红色热情奔放，黄色跃动与华美，绿色青春与生命，蓝色安静与希望，紫色高贵与妩媚，黑色庄重与神秘，白色纯洁与单纯，它们通过具体的纤维织物表现出来。色感给人以冷暖、明暗、轻重、收缩与扩张、远与近、和谐与冲突等感觉，对服装的整体搭配效果起到重要作用（图5-16）。

3. 服装材质的型感

服装材质的型感是指由于纱线结构、组织变化、后整理等多方面的因素所反映出的造型视觉效果。如悬垂性、飘逸感、塑型性等，型感特征对服装外部形态与风格影响较大。

图5-16 不同色彩的服装

挺括平整的面料包括毛织物、麻织物，各种化纤混纺织物，涂层面料及较厚的牛仔面料、条绒面料等，适宜制作套装，西服等服装款式，运用这类材质可以较好地修正体型。如果体型较胖者，穿着此类材质制作的合身服装，显得干练、利落。体瘦者穿用也可以起到调增作用，增强体型饱满感（图 5-17）。

柔软悬垂的面料包括：精纺呢绒、重磅真丝织物、各类丝绒、针织面料等，此类材质适用于各种长裙、大衣、风衣、套装类女装，体现舒展、潇洒的风格，能够较好地表现人体曲线。适合体型偏胖和匀称者，不适合瘦体型者（图 5-18）。

4. 服装材料的质感

服装材料的质感是织物外观形象与手感质地的综合效果，包括织物手感的粗厚、细薄、滑糯等，也包括织物外观的细腻、粗犷、光滑（图 5-19）。

图5-17 面料挺括平整的服装

图5-18 面料柔软悬垂的服装

图5-19 不同质感面料

薄而透明的面料包括纱罗、乔其纱、巴厘纱、透明雪纺纱、蕾丝织物等。这些面料精致、轻盈、朦胧，透露出迷人、神秘之感，具有较强的装饰性，常被用于女装。

粗厚蓬松的面料包括粗花呢、膨体大衣呢、花呢、绒毛感的大衣呢、裘皮面料。这类面料给人以蓬松、柔软、温暖、扩张之感。

表面光洁细腻的面料包括细特高密府绸、细特强捻薄花呢、超细纤维织物、精纺毛织物等，有高档、细密的风格，适合正式场合的服装。

5. 服装材料的肌理

肌理是指服装材料表面的组织结构、形态和纹理。材质的肌理效果分为两类，一种是立体肌理，即材料通过表面凹凸起伏纹路或立体装饰呈现出的具有浮雕感的艺术效果；另一种是平面肌理，指材料表面的图案、花纹色彩不一或疏松紧密有别所产生的视觉效果。肌理使服装材质具有层次丰富、立体感强的特点，从而富有艺术表现力。不同的肌理效果对体型也会产生一定的修饰作用。

肌理感强的面料包括各种提花、花式纱线、轧绉、割绒、植绒、绣花、褶皱、纫缝等织物（图5-20）。

二、服装材料与服装造型

1. 悬垂飘逸之服装造型

柔软适中且悬垂好的面料，比如丝绒、重磅真丝、化纤仿真丝、精纺薄型毛呢等材质，最适合塑造线条柔顺、自然舒展、悬垂飘逸的服装廓型。使用此类材质制作的大摆裙、长风衣等，在运动中会更能体现韵律感（图5-21）。

提花　　　　　　　　　　褶皱　　　　　　　　　　图5-20　肌理感强的面料

图5-21 悬垂飘逸型

图5-22 华丽高贵型

图5-23 挺括硬朗型

图5-24 紧身适体型

图5-25 宽松舒适型

2. 华丽高贵之服装造型

柔软、光泽、轻薄的织物和绸缎及亮片类材质适合表现高雅华贵、亮丽性感的礼仪服装，展示女性的优美曲线与性感妩媚（图 5-22）。

3. 挺括硬朗之服装造型

职业套装、西装、西裤、大衣、直筒裙等服装类型具有挺括、平直、硬朗的服装廓型，精纺毛料、化纤仿毛面料及粗纺呢绒、皮革制品等因其质地细密平整，硬挺而成为此类造型的理性材质。硬挺的服装面料加上合体的服装款式，对偏胖或过瘦的体型都具有较好的修饰作用（图 5-23）。

4. 紧身适体之服装造型

紧身适体的服装造型如包臀裙、铅笔裤等，服装与人体之间的松量几乎没有，为了使人体感到舒适，必须选择伸缩性和弹性极佳的材质，比如针织罗纹面料、弹力棉等，这类服装能够真实反映体型面貌，因此对形体条件要求较高（图 5-24）。

5. 宽松舒适之服装造型

这类服装造型常以休闲服装种类为主，棉麻面料因其质地坚韧、吸湿、透气，朴实、简约的特点，经常用来打造宽松舒适的服装风格（5-25）。

第三节 | 合理运用材质塑造服饰形象

　　材质是构成服装的物质基础，在进行服饰选择与搭配时，材质选用是不容忽视的关键因素。掌握如何在把握自身形体条件的基础上，运用各种服装材质的特点与风格，找出人体与材质间的对应关系，最终达到合理利用材质塑造服饰形象，弥补体型缺陷的目的。

一、材质与体型的对应关系

　　通俗来讲，人体体型主要分为瘦削骨感体型、丰满圆润体型、匀称体型和特殊体型。

1. 瘦削骨感体型与材质的对应关系

　　瘦削骨感体型身材扁平、骨骼清晰、关节部位突出，又称皮包骨式体型。这类体型在选择服装材质时，春秋季节应选择挺括平整、身骨较好的面料，如毛、麻织物，各种化纤混纺织物、涂层面料及较厚的牛仔面料、条绒面料、皮革材料等，以此增加体型的丰满感。在冬季，粗厚蓬松的毛呢面料是适宜的选择。瘦削骨感体型一定要避免穿着柔软悬垂材质的服装，易暴露体型的不足，即使在夏季也应以棉麻材质为主。如果一定要选择柔软飘逸的材质，也要注意在款式上采用褶皱丰富、层叠设计的样式。另外光泽感较强和肌理感强的材料也比较适合瘦削骨感体型（图 5-26）。

图5-26 瘦削骨感体型不同材质服装搭配

2. 丰满圆润体型与材质的对应关系

丰满圆润体型身材饱满、浑圆，又称肉包骨式体型。在材质选择上此类体型最理想的种类是柔软悬垂的面料，如各类精纺呢绒、软缎、各类丝绒、针织面料等，穿着时依附于人体，有显瘦的效果。丰满圆润体型应避免粗厚蓬松、薄而透明以及光泽感较强的材质（图 5-27）。

3. 匀称体型与材质的对应关系

匀称体型身材均匀、比例和谐，是一种理想的体型。在材质选择上范围比较广泛，光泽感的、挺括平整的、柔软悬垂的、有伸缩性的、比较厚重的材质都比较适合。在选择材质时重点要注重材质之间的风格组合，以及与自身气质、肤色的搭配（图 5-28）。

4. 特殊体型与材质的对应关系

特殊体型是指身材的某个部位不太理想，如下肢粗胖、胸部扁平、肩部下垂等。一方面可以依靠服装款式与局部造型掩饰身材的缺陷，还可以利用材质突出身材优势。比如身体某个部位需要弱化的，就选用柔软悬垂的柔性材质，需要强调或加强的部位宜采用身骨挺括、平整的材质（图 5-29）。

除了从整体上了解服装材质与体型的对应关系，我们还可以利用材质上花纹图案的大小、疏密、形状与排列方式以及材质的肌理达到修正体型的作用。

图5-27 丰满圆润体型不同材质服装搭配

图5-28 匀称体型不同材质服装搭配

图5-29 特殊体型不同材质服装搭配

二、利用材质的图案与肌理塑造服饰形象

1. 丰满圆润体型的选择

丰满圆润体型适合选择密集度较高、小花朵、竖条纹的图案，应尽量避开大型花纹或醒目的几何图案，如横条纹、大方格等。如果为了收缩形体，在服装的色彩上采用了比较单一深色系，则可以搭配别致、醒目的服饰配件，从而为整个造型增添活力（图5-30）。

2. 瘦削骨感体型的选择

瘦削骨感体型需要通过选择图案与花型达到丰满外形的目的，所以横条纹或者色彩对比强烈的图案、花型、方格以及面料上的立体装饰、凸出的肌理都是适宜的选择（图5-31）。

3. A型体型的选择

对于上身比较瘦而下身比较胖的 A 型体型，上身选择穿花朵、圆点图案的服装来扩大视觉体积，下身穿深色系等具有视觉收缩效果的衣服，这样整个造型上下就平衡了，人也看起来匀称一些（图5-32）。

4. 娇小体型的选择

娇小体型是指身高在 155 厘米以下比较匀称的体型。在服饰图案的选择上，要尽力掩饰体态

图5-30 丰满圆润体型不同图案、色彩搭配

图5-31 瘦削骨感体型不同图案、花型搭配

矮小的特征，要使身材显得高挑，在选择服装时上衣宜选用精致的单独纹样，下装宜选用竖向细条纹。（图 5-33 ）。

当然我们还可以利用同质面料间的组合，不同质地、不同风格的面料组合与搭配来塑造服饰形象。

三、利用材质组合与搭配塑造服饰形象

1. 相同质地面料间的组合

相同质地面料间的组合，是指把质地、色彩、风格一致的服装面料搭配在同一套服装之中，构成和谐统一的视觉效果。由于材料的各个方面都相互一致，很容易取得统一、稳定的服装效果。但弊端是在服装表现上往往会缺乏个性。因而，相同面料的组合，为了避免单调，在形态上、纹理上、表现形式上、构成状态上要有一定的变化和形式对比，营造生动感人的视觉效果。

2. 不同质地、不同风格的面料组合

把质地、厚薄、粗细、色彩、风格等方面具有一定差异的面料搭配在一套服装之中，构成多样统一的视觉效果。不同面料有各自的性格和效果，具有不同的质地和光泽，通过相互间的衬托、制

图5-32A 型体型图案选择　　　　　　　　　　**图5-33** 娇小体型图案选择

图5-34　不同质地、不同风格的面料组合

约，使彼此的质感更为突出。比如有光泽与无光泽的对比、褶皱与光滑的对比、柔软与厚重的对比、细腻与粗糙的对比、透明与不透明的对比、弹性的对比等，使整体服装形象更趋完美（图5-34）。

由于不同材料的各个方面都存在一定的差别，要把不同的材料组合在一起，必须要让能起主导作用的材料占有绝对大的面积，才能构成稳定的视觉效果；或者让质地接近或相同的材料在服装的不同部位多次出现，使不同的材料之间呈现一种内在联系或是建立一种秩序，也能使服装整体呈现和谐的效果。

练习题

1. 服装材质可以从哪些方面进行分类？
2. 什么是服装材料的视觉风格？
3. 服装材料的视觉风格与服饰风格表现有什么关系？

拓展思考

习近平总书记在党的十九大报告中指出："生态文明建设功在当代、利在千秋。我们要牢固树立社会主义生态文明观，推动形成人与自然和谐发展现代化建设新格局，为保护生态环境做出我们这代人的努力！"社会主义生态文明观，是我们党在国家经济发展进入新常态、全面建成小康社会进入决胜阶段的伟大历史进程中，我们党围绕如何认识生态文明、如何建设生态文明，逐步形成的一系列新理念新思想新战略。

纺织服装行业的环境污染主要是生产过程中产生的污水、废气和噪声。随着纺织行业整体的升级改造，绿色环保成为行业的发展趋势。纺织服装企业不断拓展智能环保生产线，通过降低污染和使用环保化学工艺提升自身的产品竞争力。请思考织物生产和加工与环保之间的关系。

此章主要讲述了服饰搭配的要素
与形式、服饰搭配的美学法则以及如
何利用视错的原理扬长避短让人的着装
搭配产生新的美感，突出表现自我的着装
效果。通过学习，学生能够利用服饰搭配
的基本法则进行服饰搭配分析，并能利
用视错的原理进行着装效果分析。

第6章
服饰搭配
法则

第一节 | 服饰搭配的要素与形式

在生活中，你是否曾经有过这样的困扰——一件合体针织衫和一条阔腿裤搭配就显得你身材高挑又有品味，而同样一件合体针织衫和紧身锥腿裤搭配，你就好像穿了内衣跑出了门一样，显得局促并且暴露你身材的缺陷？别人一件红色针织毛衣和绿裤子可以搭配出冬日里靓丽的风景线，而你也选红毛衣和绿裤子穿上却像个花大姐一般？

俗话说得好"人靠衣装，佛靠金装"，着装搭配的重要性不言而喻，好的服饰搭配，能够给人留下好的印象。我们很幸运生活在这样一个经济高速发展，崇尚个性、自由的时代，毫无疑问，在进行服装搭配时，我们的选择比起父辈们肯定更多，这也就意味着我们要从这么多选择中找到适合自己的搭配，这也正是我们所说的服装搭配的要素和形式。

一、服装搭配的要素

1. 色彩的搭配美

常听人说"没有不美的色彩，只有不好的搭配"，意思就是色彩本身不存在美丑，各种色都有固有的美，但不同的色彩搭配在一起给人带来的视觉感受却会差别很大。着装色彩的搭配和谐得当，往往能产生强烈的美感，给人留下深刻的印象（图6-1）。

首先要按一定的计划和秩序搭配色彩；其次相互搭配的色彩主次分明，各色之间所占的位置和面积一般按接近黄金分割线比例关系搭配，这样就容易产生秩序美；再次由搭配而产生的运动感是不可少的，最后色彩的运动感，也可由色的彩度和明度有规律地渐变或者配色本身的形状而产生。无论如何进行搭配，必须使其最终效果在心理和视觉上有和谐感（图6-2，图6-3）。

图6-1 色彩搭配美

图6-2　色彩的秩序美

图6-3　色彩的运动感

2. 造型的元素美

各种服装造型的方式，都不能脱离人体本身。服装造型往往强调脖子和腰，那里是人体最重要的部分，是人体扭转的关节点，是衣服的支结点。无论是高领、低领还是袒胸、露肩，无论是束腰还是宽衣，人类为了强调这两个部位的美费尽了心思。衣态装身都是由以上这些以人体为基本型的造型方式构成的，根据需要，彼此组合，形成了无数独特的服装样式（图6-4）。比如，表现垂直的造型方式，外观上的增高，上升和下降是最直接的手段。这种垂直的高度往往与崇高、威严、权力和优越等相联系。高冠耸发、复底的鞋等常来表现这种崇高感。在15世纪，欧洲人对增高的追求达到了狂热的顶点，如妇女的头冠，男子塔糖式的高筒帽等（图6-5）。

图6-4　造型的元素美

图6-5　哥特时期服装

图6-6 服装的方向性　　　　　　　　　　图6-7 服装的局部造型　　　　图6-8 服装的材质美

衣服的构成和人体的方向性之间存在着极大的关联。例如，当人体的脸部和胸部作为正面，或者当造型的对象朝你走过来时，人体的前面就成了服装造型的主要部分，在前面空间所展开的各种服饰都是为了强化人体这个证明性。相应地，服装的背面必须服从这个人体朝前的方向性，造型应该是单纯的。在这种要求下，衣服可能是前开的，胸前可能是绣满花纹，会有各种漂亮的钮扣以及各种门襟、帽子、飘带、流苏，长长拖垂的衣摆和飘逸的裙子，都可以用来加强这种人体的方向性和运动感（图 6-6）。

进行服装造型的局部表现时，常具有某处突出的装饰。如刺绣花纹、印花图案、字母标识等。此外，像胸前的衣口袋以及口袋上的两颗钮扣、肩章、前后过肩、裤子的背后口袋和龙门处的特殊设计等，都可能作为造型美的体现。服饰的美往往就在这些局部造型上得以体现（图 6-7）。

3. 材质的质地美

服装面料功能、外观有优劣之分，也因用途而异。优质轻薄面料既有适当的弯曲、剪切刚度，又有较好的回弹性，这样的面料成装后，才有飘逸、柔和的美感。劣质轻薄面料往往因回弹性过小，给人糙硬烂软的感觉。优质厚面料可以靠滑糯的表面外观，挺括和抗折皱性好而取胜，也可以靠粗犷的纹路，挺括而有力度的质感而夺冠。由于面料的用途不同，功能外观评价的标准也不完全一样，优质面料的功能外观不仅要求取得静态着装效果，而且在着装者走、跑、弯腰、抬腿等动态活动时赋予美感效果（图 6-8）。

图6-10 参加婚礼时着装　　**图6-11** 休闲时的着装

图6-9 不适宜教师工作的着装

二、服装搭配的形式

1. 服饰自身的搭配要具有统一与协调美

举例来说，服装和服饰品的搭配要协调，运动手表不可以和西装一起搭配，这样会显得格格不入；同样运动装和皮鞋搭配也会很"辣眼睛"。正确的搭配方式要学会什么样的上衣相配什么样的下装，服装和服饰品也要协调。

2. 服饰和着装者的搭配要协调与统一

简单说，服装和穿着者的年龄、身份、个性、职业要符合。比如教师在工作中穿休闲运动风格的衣服会显得不够庄重、大方，给人不够职业之感。这是因为服饰和着装者，着装环境不够协调所致（图6-9）。

3. 服饰与时间、场合、环境的搭配要协调统一

一个人在不同的时间、场合、环境要穿对衣服。比如，你去参加葬礼那你最好穿黑色衣服；你去参加晚会就要着正装。还有我们通常较多的听到某位女性朋友吐槽，第一次带男朋友见家长，他居然穿着短裤、T恤就去了，这就是说明这个人没有根据场合的变化及时更换服装，场合和服饰不协调所致（图6-10、图6-11）。

服装是为人体展示其美的，和生活中的人是分不开的，人又与社会、民族、文化、经济等分不开。各种条件影响了人的审美力，什么样服装款式造型是美的，看法不会一致，但有一点是一致的，就是"美要通过矛盾冲突体现出来的"，这矛盾就是对比，所要体现的就是整体性，这是一切艺术的根本法则。

第二节 ｜ 服饰搭配的美学法则

刚毕业的小君经过几轮的考核，一路过关斩将总算进行到最后一轮总经理的面试，为确保万无一失，她做了精心的打扮：一身前卫的衣服、时尚的耳环、造型独特的戒指、亮闪闪的项链、新潮的鞋子，身上每一处都是焦点，简直是无与伦比、鹤立鸡群。而她的对手只是一个相貌平平的女孩，学历也并不比她高，所以小君觉得胜券在握。但结果却出乎意料，她没有被这家公司所认可，主考官抱歉地说："你确实很漂亮，你的服装与配饰无不令我眼花缭乱，我想或许你并不适合这份工作。实在很抱歉。"小君一脸茫然。

小君本想更好地表现自己，给招聘者留下一个好印象，却没想到弄巧成拙。很多的人有意识想要通过服饰品搭配去给自己加分，但却不懂得搭配的方法与原则，于是没有达到理想的效果。对于配饰，宜少不宜多，尤其是面试这样一个严肃的场合，容易给人一种张扬、零乱、不稳重的感觉。因此我们应该时刻注意自己的衣着和配饰，并分清场合。

服饰是需要搭配的，不是越多越好，也不是越华丽越好，而是要巧搭配。

一、服色体型协调法

1. 体型肥胖者

宜穿墨绿、深蓝、深黑等深色系列的服装，因为冷色和低明度的色彩有收缩感。颜色不宜过多，一般不要超过三种颜色。线条宜简洁，最好是细长的直条纹服饰（图6-12）。

2. 体型瘦小者

宜穿红色、黄色、橙色等暖色调的衣服，因为暖色和高明度的色彩有膨胀的感觉。不宜穿深色或竖条图案的衣服，也不宜穿大红大绿等冷暖对比强烈的服装（图6-13）。

3. 体型健美者：

夏天最适合穿各种浅色的连衣裙，宜稍紧身，并缀以适量的饰物（图6-14）。

图6-12 体型肥胖者服饰搭配

图6-13 体型瘦小者服饰搭配

图6-14 体型健美者服饰搭配

二、服色性格协调法

不同性格的人选择服装时应注意性格与色彩的协调。

沉静内向者宜选用素净清淡的颜色，以吻合其文静、淡泊的心境；活泼好动者，特别是年轻姑娘，宜选择颜色鲜艳或对比强烈的服装，以体现青春朝气之感。但有时有意识地变换一下色彩也有扬长避短之效，如过分好动的女性，可借助蓝色调或茶色调的服饰，增添文静的气质；而性格内向、沉默寡言、不善社交的女性，可试穿粉色、浅色调的服装，以增加活泼、亲切的韵味，而明度太低的深色服装会加重其沉重与不可亲近之感（图6-15，图6-16）。

图6-15 活泼开朗女性适合的着装

图6-16 宁静内敛女性适合的着装

三、服装对比色搭配法

对比色是利用两种颜色的强烈反差而取得美感，常常被人选用。

1. 上下衣裤色彩应有纯度与明度的区别。

2. 两种颜色不能平分秋色，在面积上应有大小之分、主次之别（图6-17）。

四、服装邻近色搭配法

选择邻近色作为服饰的搭配是一种技巧：一方面两种颜色在纯度和明度上要有区别；另一方面要把握好两种色彩的和谐，使之互相融合，取得相得益彰的效果。一般邻近色的搭配有：黄与绿，黄与橙，红与紫（图6-18）。

图6-17 对比色搭配服装

图6-18 邻近色搭配服装

图6-19　间色间隔搭配

五、服装色彩搭配法

服装的色彩可根据配色的规律来搭配，以达到整体色彩的和谐美。

① 全身色彩要有明确的基调。主要色彩应占较大的面积，相同的色彩可在不同部位出现，相互呼应。

② 全身服装色彩要深浅搭配，并要有介于两者之间的中间色（图 6-19）。

③ 全身大面积的色彩一般不宜超过两种。如穿花连衣裙或花半裙时，背包与鞋的色彩最好在裙子的颜色中选择，如果增加异色，会有凌乱的感觉。

④ 服装上的点缀色应当鲜明、醒目、少而精，起到画龙点睛的作用，一般用于各种胸花、发夹、纱巾、徽章及附件上。

⑤上衣和裙、裤的配色示例：淡琥珀—暗紫；淡红—浅紫；灰黄—淡灰青；淡红—深青；暗绿—棕；中灰—润红；橄榄绿—褐；黄绿—润红；琥珀黄—紫；灰黄—暗绿；浅灰—暗红；咖啡—绿。

⑥ 黑、白、金、银是万能搭配色，与任何色彩都能搭配。配白色，增加明快感；配黑色，平添稳重感；配金色，具有华丽感；配银色，则产生和谐感（图 6-20）。

图6-20 黑、白、金、银万能搭配

图6-21 服装条纹选用

六、服装条纹选用法

　　服装面料的条纹变化可掩饰不尽如人意的体型，适当选用可收到扬长避短的效果。

　　选用竖条纹的服装，可使肥胖的身材显得清瘦一些。而选用横条纹的服装，可使体型瘦小的人增加一点宽度与厚度。如果选用斜条纹的服装，则可改变偏瘦偏长者的视觉形象（图 6-21 ）。

七、服装同系色列搭配法

　　采用同一系列的颜色来搭配服装重在显现和谐美。具体应用时要注意，同系列色之间也要有明度上的深浅之分，要掌握好其分寸感，明度过于相近，则层次不够分明；明度相差太远，则有失协调。

图6-22 同色系搭配服装

第三节 | 服饰搭配中的视错

　　强调体型的优点、弥补缺欠是现代着装的任务之一。实际上不论流行什么廓型、多么漂亮的颜色，若不符合形体结构的要求，不论最初的意愿如何，对穿着者来说都没有美感可言。学会穿衣时扬长避短，需要掌握利用视错来达到装扮自己的技巧。

　　何谓视错，是指图形在客观因素干扰下或者人的心理因素支配下会使观察者产生与客观事实不相符的错误的感觉。而所有的穿搭法则都是利用分割、分配所引起的视觉效应，从而达到较完美的效果（图6-23）。

一、适合瘦而高体型的搭配

　　要想使人看起来显得又高又瘦，强调垂直性是显得瘦而高的第一前提（图6-24）。

　　有效运用视错觉使人看起来更高或更瘦。可以采用较长的垂直线、V型或A型线。例如一串长项链垂到胸部，就会给人一种长度感。长长的围巾披挂在胸前有纵深的效果，强调垂直性。还有连衣裙上的扣子的排列，扣子延续到裙摆部位，比上半身有扣子时更加强调纵向长度。同时分割线、明线最好不要在半途中断，最好使其一直延长到底摆。在同一面积中斜线要比直线长，所以A型、形线更有长度效果（图6-23、图6-24）。

　　想要有更瘦的效果可以选择高领、细瘦的袖子、强调纵向的直线类型的服装（图6-25）。个子过高和过瘦的人，可以选择胸部、腰部、肩部等有装饰的设计，例如上身加上适当的大口袋、大肥袖、宽腰带、饰带等，将顺畅的视线加以阻断，以改善这种瘦削的效果（图6-26）。

　　高而瘦却拥有女性特有魅力的人，用考究的面料制作的西服套装等也会有极好的效果（图6-27）。

二、适合高而胖体型的搭配

　　高而胖的人，就是那种所谓的大块头，体格特点是威武健壮。这种体型的人希望自己显得瘦些，需要在高大中想办法搭配出一种清爽感，从风格上取得协调的美感。

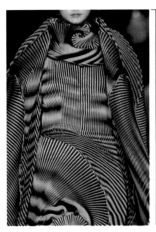

图6-23　图形表现的视错效果

图6-24　垂直线条显得人更高

图6-25　高领、细瘦会显得人更高

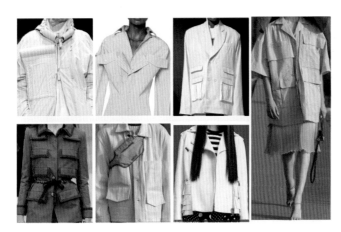

图6-26　宽腰带、大口袋可以让人显矮

图6-27　考究的套装让瘦削的身材显得较饱满

图6-28　垂线条有纵深感

图6-29　花色服装与净色服装的搭配，胖大的印象被削弱

可选择带有垂直线条，不要有显眼的横向分割线的服装，以及能带来体积增大印象的装饰如大口袋、大肥袖等（图6-28）。

还可采用印花面料与单色净面料组合构成的搭配方法，这样可对体型进行有效分割，使人们看到的是多个个体，当看到整体时大的印象就被削弱。如上衣用有花面料，下装用无花净面料，或花色面料的连身装外搭净面面料的外套等（图6-29）。

选择服装单色净面料时，要尽量避开使用纯色或接近饱和度的颜色，这些颜色刺激强烈，很刷存在感。选择花色的服装面料时，适合中等大小的图案，可以产生一种上品的高雅效果（图6-30）。

对于所选的服装图案应选择不清晰的形、曲直交错构成的不规则图案，但要注意不要过于繁杂，以免将人的目光诱导向四面八方，反而强调人体的宽度（图6-31）。

图6-30　柔和的色彩降低存在感

图6-31　不规则的图案是胖人的选择

对于服装面料厚度的选择，应选择易于贴服人体且高档、考究的面料，过厚和弹性面料都不适合，同时不要使用能够产生体积感的工艺（图6-32）。

图6-32 挺括带有垂感的面料减少肉感

三、适合于矮而瘦体型的搭配

矮而瘦，即小巧玲珑的体型。可爱、灵敏、具有古典气质、文静端庄等都是小巧玲珑人的优点，搭配时，在保有其特有的魅力的同时尽可能显高是最佳的方案。

搭配中为了强调高度，腰围线保持在原位或者上提的连衣裙是强调身高的最好形式（图6-33）。合理选择使用垂线、斜线、曲线等混合线条，如公主线、刀背缝。又如使用无间断的长褶裥或斜向裁法，柔和的长裥在掩饰瘦弱的同时，又达到了增加身高的目的（图6.34）。

选择的服装长度要有限度，不能一味地追求长，那样反而会把身高压得更低。上下装的比例也很关键，选择上短下长的服装组合最能给人高度感（图6-35、图6-36）。

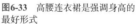

图6-33 高腰连衣裙是强调身高的最好形式

图6-34 长裙裥带来的高度感

图6-35 小巧干练的装扮

图6-36 上短下长的服装组合

图6-37　柔和明亮的水果图案　　图6-38　肩袖处的荷叶褶边修饰瘦削的体型

对于口袋、腰带、扣子等的大小选择，必须考虑整体比例的协调关系，要尽量取小型的使用。还有小花、可爱的图案、色彩方面清淡柔和的明亮色调也有很好的效果（图 6-37）。

如果是过瘦体型的，可以巧妙地使用抽褶、加褶裥、加波形褶边的方法（图 6-38）。

四、适合矮而胖体型的搭配

矮而胖的人很难取得姿态完美的着装效果，搭配中可以利用视错觉关系和利落的服装廓型，获得整洁而合适的着装效果。

胖人一般都有着漂亮的肤色，搭配时要以突出脸色为中心，把搭配的重点放在颈部周围，选择拥有和服领的服装，领子柔和的 V 字型有效的拉长了脖颈，削弱了胖人圆圆的下巴和过短的脖子（图 6-39）。不要选择高领、圆领或角度过于尖锐的领型。

上下装的色彩搭配不要采用强烈对比的颜色，上下色彩的一致性容易产生延续感，使人看起来显得高（图 6-40）。

图6-39　和服领拉长了脖颈　　　　　　　　　　　图6-40　上下装一致的色彩使人显高

图6-41　大褶边显人胖

　　胖人不宜选用宽大的袖子、大蝴蝶结及分量特别重的荡褶、大余量的展摆、粗线织物的材料、过大过小的饰物等都容易让人显得矮而臃肿（图 6-41）。

　　胖人宜穿着有适当余量的服装。服装不要过紧，否则会产生肉感，反而强调胖的特征（图 6-41）。

　　以上介绍了高而瘦的人、高而胖的人、矮而瘦的人、矮而胖的人等四种体型的人的穿搭要点及如何利用视错的原理扬长避短让人的着装搭配产生新的美感，突出表现自我的着装效果。

练习题

　　利用服饰搭配的形式美法则进行服饰搭配案例分析。

拓展思考

　　"高级定制"这四个字仿佛是这几年间流行开来的，因为诸多奢侈大牌都有自己的高级定制礼服流水线，供的也是明星、名流和欧洲皇室。中国有高级定制吗？早在数百年前，勤奋的中国工匠不断做出让达官贵族、皇亲国戚们趋之若鹜的定制霓裳、珠宝，让西方人也常常看得目瞪口呆。近几年深受欧洲王室青睐的缂丝、云锦和刺绣全都来自中国的传统手工艺。高级定制代表着精细的服饰设计、精良的制作技艺和高端的市场受众，是时尚的最高境界。相比成衣，定制既能最大限度地满足不同消费者的个性化需求，还能增强穿着舒适度的体验。所以，定制也是时尚界极为流行的设计、生产、营销模式之一。请大家谈一下一个高级定制设计师需要具备哪些服饰搭配方面的知识呢？

此章主要讲述不同类型服饰的
风格特点及适合的服饰搭配。通过学
习，学生能够利用所学基本原理分析各
种类型的服饰，并能够进行不同风格的服
饰搭配。

第 7 章

不同风格的服饰形象

第一节 | 职业风格服饰形象

服饰是个人内外素质的综合体现。一个人的着装打扮如果能恰如其分地表达出其自身的个性风格，不仅自己会感到舒服，也会让他人感到自然、赏心悦目。

一、职业装的概念

职业装又称工作服，是为工作需要而制成的服装。职业装设计时需根据行业的要求，结合职业特征、团队文化、年龄结构、体型特征、穿着习惯等，从服装的色彩、面料、款式、造型、搭配等多方面考虑，提供最佳设计方案，为顾客打造富于内涵特征的职业形象。

二、职业装的分类

1. 行政职业装

行政职业装是商业行为和商业活动中最为流行的一种服饰，兼具职业装与时装特点。它不像职业制服那样有明确的穿着规定与要求，但需注意穿着场合及其流行性。因此，行政职业装具有浓厚的商业属性，追求品味与潮流，用料考究，造型强调简洁与高雅，色彩追求合适的搭配与协调，整体注重体现穿着者的身份、文化修养及社会地位。

适用于金融、保险、通信、国家机关、文物、交通等各企业、事业单位的窗口部门及福利单位，主要款式为西装或变款西装，主要面料为各种含毛的贡丝锦、吡叽、新丰呢、板丝呢、金爽呢、双面呢等。

2. 职业制服

职业制服是一种能够体现行业特点，并有别于其他行业的服装。它具有明显的功能体现与形象体现。这种职业装不仅具有识别的象征意义，还规范了人的着装行为，并使之趋于文明化、秩序化。

商场营业类：主要适用于各种商场、超市、专卖店、连锁店、营业厅等。要求款式大方，色彩热情。适用的面料为各种涤棉以及仿毛类、化纤类，如卡丹皇、制服呢、金爽呢、新丰呢、形象呢、仿毛贡丝锦等。

宾馆酒店类：主要适用各种宾馆酒店、餐厅、酒吧、咖啡厅等。要求款式色彩能体现酒店精神风貌，对款式、色彩的敏感度很高，品种较繁杂，适用的面料除了涤棉类、仿毛类、化纤类之外，另常用织锦缎、色丁等。

医疗卫生类：适用于各医疗单位、美容院、保健机构，款式较单一，常用面料为涤线平、涤卡、全棉纱卡等。

行政事业类：适用于各执法、行政服务部门，如公安、工商、税务、环保、国土、城管、渔政、水政、海关、公路、卫生、劳动等，适用的面料通常为统一选定的专用料。

学生类：学生在学校统一穿着的服装。常用面料为涤盖棉、金光绒、花瑶及其它化纤料。

3. 职业工装

职业工装是满足人体工学、护身功能来进行外形与结构的设计，强调保护、安全及卫生作业使命功能的服装。它是工业化生产的必然产物，并随着科学的进步、工业的发展及工作环境的改善而不断改进。

一般劳动防护类：主要适用各类工矿企业及其它行业的维修、管护岗位，一般要求具有一定的强度和宽松度，以适于活动。常用面料有各种规格府绸、纱卡、帆布、线绢、线平、工装呢及少量纯化纤等。

特种防护类：主要适用于某些特殊工种，常见有防静电服、防辐射服、防酸碱服、阻燃服、医用隔离服等，面料通常为专用料。

三、职业装服饰形象设计

（一）行政职业装服饰形象

1. 成熟职业女性服饰形象

成熟职业女性年龄一般在三十五到五十五岁之间，精明豁达、独立自信、工作干练，并懂得享受生活。其服饰风格大多比较简洁、大方，线条处理简洁明了，以 H 型及 S 型为主，注重细节处理，绝对避免琐碎。面料以精细为主，做工考究，色彩纯度高，图案纹样使用适度，整体给人以高档、精致的观感（图 7-1）。

（1）职业女性工作着装

职业女性多数时间处于工作状态，社交活动较多，因此工作时间的穿着就显得尤为重要。而现代社会的飞速发展为职业女性提供了优良的办公环境，四季温度适宜，因此，工作时间的着装并没有明显的季节变化。

图7-1 职业女性服饰

　　春夏季可以选择一些色彩比较淡雅的裙装，也可选择带有一些花纹图案的服装，面料以轻柔、富有弹性、不易起皱为宜（图7-2）。根据服装整体效果搭配适当的配饰，增强着装的时尚感。服装上的图案不宜太过于花哨，选用纯度比较高的色彩，也可以使用适量的对比色，运用局部的点缀色做相应对比搭配，打破色彩的沉闷感，也可选用一些时尚的局部配饰，提升视觉冲击，起到画龙点睛之功效（图7-3）。

　　秋冬季的着装比较宽泛，一条包臀及膝裙一双精致的高跟鞋，既可以拉长腿部线条，又可以修整仪态，时尚干练。一条长裤搭配一双高跟皮鞋，也可衬托优美身材。整体色彩多选白色、米色、浅灰色等中明度色调，给人以高级感；如果选择咖啡色、深灰色、黑色、深蓝等明度较暗的中性色调，要选用合适的配饰，比如搭配亮色的腰链，色彩艳丽的丝巾，带有光感的胸饰等，会消除中性色带来的沉闷感。此外，白衬衣作为百搭服，经常作为内衣、外衣等与多种服

图7-2 色彩淡雅的裙装

图7-3 对比色、带有花纹图案搭配

图7-4　秋冬季的着装

装搭配，并很好地表现出女性的潇洒干练（图 7-4）。

（2）职业女性外出着装

外出时可搭配中长款外套，风衣，细羊绒、精纺毛呢等质感细腻柔软的大衣，可以很好防风御寒，色彩上可选用一些饱和度高、色相明快的色调，在寒冷单调的秋冬季增添一抹亮丽（图 7-5）。

（3）职业女性服饰配饰

配饰运用应遵循"以少胜多"的原则，比如一套素色套装，搭配一条白色珍珠长项链，在整体中给人色彩与质感的对比，可以很好地提升整体着装的观感。此外，应准备大小各异、花色不同的丝巾和围巾，用以搭配不同的着装，以不变应万变（图 7-6）。

2. 媒体设计类职业服饰形象

媒体设计类职业因职业特点没有特别规范的职业装，服装上可以活泼时髦些，通过服装可以

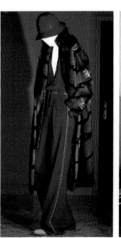

图7-5　外出时的着装

图7-6　职业女性服饰风格的配饰

图7-7　媒体设计类职场着装

展示自身拥有的创意，时尚的服饰搭配能给客户期待感和新颖感。譬如西装内可穿着细肩带或无肩平口服饰打底，及膝裙可以搭配衬衫或是简单的背心上衣，洋装外搭配外套或是加上开襟针织衫，轻松传递知性美感（图 7-7）。

3. 教师职业服饰形象

孔子曰："不可以无饰，无饰不貌，无貌不敬，不敬无礼，无礼不立。"教师岗位既要表现得端庄持重，又要具有朝气活力。教师的着装既要简约又要端庄，既要知性又要有品味，既不出格，标新立异，不追潮，又不落俗气。因此，教师着装要美观、优雅、庄重，尽量选择纯色且图案较少的，可以选择单色调或主色调的服装，单色调以灰色、淡粉为主，上身可以选用白、粉、杏色，下身灰色。（图 7-8）。

4. 金融、律师类职业服饰形象

金融保险、或是像律师事务所等以中规中举形象著称的行业，穿着以正统严谨，老成持重，简单稳重的造型为佳。在服饰的搭配上，适宜选择深蓝色或深灰色颜色的西装，要外廓平整，给人以整洁有礼的感觉。为了表现可信、平和的气质，大多选择白色衬衫，也可选择与西服颜色同属一个色系的衬衫和领带（图7-9）。

5. 行政职业装必备服饰

不管什么行业，不论男女，衬衫与西装都是必备行政职业装的服饰。衬衫款式端庄稳重，可搭配性强，在颜色上除了白色之外，也可以选择粉嫩或是其它色彩。至于西装，女性可以西装套裙与西装套裤各准备一套备穿，剪裁上强调腰线的简单设计为主，不要有太多缀饰，颜色上以素雅单色为优；男性的西装可以根据当下流行设计成单排三粒扣或四粒扣，色彩上选择较深沉的灰色、灰黑色以及深蓝色，在整体的搭配上，可采用单色系搭配法，西装内的衬衫、领带以同一色系为主，但在深浅上面做出区别，富有品味却不失大方与稳重气质。

图7-8 教师职场着装

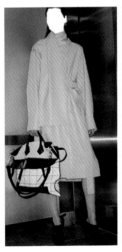

图7-9 金融、律师类职场着装

图7-10 商场导购员制服

（二）职业制服服饰形象

1. 商场营业类制服形象

商场营业类属于服务行业，因此其制服款式要求简洁大方，色彩给人以亲切感（图 7-10）。

2. 宾馆、酒店类制服形象

宾馆、酒店类也属于服务行业，服饰作为一种文化体现，成为宾馆、酒店整体文化形象的重要组成部分。宾馆、酒店类制服不仅体现员工岗位的功能，更能体现企业文化。此类制服将服饰的实用性、艺术性和企业文化融合在了一起（图 7-11）。

3. 医疗卫生类制服形象

此类服装款式比较单一，一般为大褂样式，颜色多为白色、浅蓝或浅粉（图 7-12）。

图7-11 酒店制服

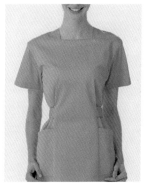

图7-12　医疗行业制服

图7-13　执法部门制服

4. 行政事业类制服形象

此类服装主要是各种执法、行政服务部门专用制服，如工商、公安、环保、税务、城管、国土、渔政、水政、海关、公路、卫生、劳动等，款式较为统一，但要求版型合适、工艺精良，面料挺括平整（图 7-13）。

5. 学生装形象

学生装主要作为学校的统一制服而出现。统一的学生装有利于培养学生的团队精神，强化学校的整体形象，增强集体荣誉感。目前学校常用的学生装主要为运动服和制服类。一般都是以运动服为主，颜色常以蓝色、黑色和红色居多，搭配白色或黄色（图 7-14）。

（三）职业工装服饰形象

1. 一般劳动防护类工装形象

主要适用各类工矿企业及其它行业的维修、管护岗位，工装、一般要求具有一定的强度、宽松适于活动。常用面料有各种规格府绸、纱卡、帆布、线绢、线平、工装呢及少量纯化纤等（图7-15）。

图7-14 学生装

图7-15 劳保服

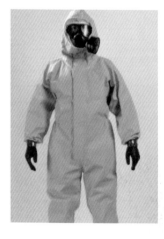

图7-16 特种防护服

2. 特种防护类工装形象

主要有防静电服、防辐射服、防酸碱服、阻燃服、医用隔离服等，面料通常为功能性专用材料（图 7-16）。

第二节 | 休闲运动风格服饰形象

随着社会飞速发展，生活节奏日益加快，人们承受着来自各方面的巨大压力，越来越渴望全身心获得一种放松、休息。休闲运动的形象深入人心，逐渐成为时尚流行的主流。

一、休闲运动服饰概念

休闲运动服饰分为休闲服和运动服。休闲服是指休闲、度假时所穿着的服装，款式宽松舒适，便于穿脱；运动服主要是进行体育运动或户外运动时所穿着的服装，一般款式比较简单，或宽松或紧身，但富有弹性。

二、休闲运动服饰特点

休闲运动形象给人的感觉是充满朝气与活力，跑步、轮滑、骑单车、登山、游泳，各种有益身心的运动方式为人们所热衷。在这个提倡全民健身的时代，休闲运动形象已不仅仅局限于青少年一代，从几岁的儿童到七八十岁的老人，休闲运动的形象无处不在。着装上多用宽松舒适的 H 型造型，自然舒适的棉、麻、针织面料，色彩多选用大自然色，比如原麻色、天蓝色、本白色、岩石色、森林色等都是休闲运动服饰的首选。棒球帽、运动鞋成为休闲运动服饰风格的百搭单品（图 7-17）。

三、休闲运动服饰形象设计

休闲运动型的人士倾心于自由的生活方式，日常着装中以宽松随意为主，运动衫、牛仔裤、T 恤衫都是他们的钟爱。

1. 休闲服饰形象

休闲服装从款式到材质都有着严格的要求。服装款式崇尚宽松简约，整体造型以直线为主，服装上不会出现细节花边、蕾丝等繁琐的装饰。材质上追求天然棉、麻的质感及透气性、吸湿性都好的优质面料。色彩也以自然色为主，米色、灰色、咖啡色、蓝色等中明度、中

图7-17 休闲运动形象的风格搭配

图7-18　休闲形象服饰搭配

纯度以及中性的黑、白等，能够让视觉感到轻松无刺激。牛仔裤、牛仔短裤、短裙、T恤衫、宽松的棉或麻质衬衣或T恤，搭配柔软舒适的平底鞋，是典型的休闲形象。年轻的女孩子们在色彩上可能会偏向于一些纯度较高、色相明快的流行色，对款式的选择也更喜欢一些较为性感的设计（图7-18）。

2. 运动服饰形象

运动型人士的着装是以运动服装为主，面料应选择柔软、弹性好、吸水性好的材质，造型宽松，结构多采用直线条，色彩多以主色调形成对比色搭配，或者使用闪光面料以增加视觉跳跃性，运动服的品牌标志是重要的装饰点，多运用对比色或是闪光面料。运动鞋的选择要透气性好、鞋面舒适贴脚、鞋底要有一定的厚度和较好的弹性。再搭上与整体色相配的吸汗带、护腕、护膝、运动包袋等，崇尚运动的年轻人们对于这些运动配饰及其重视，除了具有运动功能外还具备重要的装饰功能（图7-19）。

3. 休闲运动混搭

运动装和休闲装的混搭是喜欢追求时尚、喜欢有变化的年轻人的较好选择。比如，紧身T恤背心搭配工装裤，T恤采用网状弹性运动面料，紧身性感，配上宽松的工装裤，松紧有致，随意中透出时尚干练；再比如，用一件宽松运动T恤与休闲半身裙搭配，手拿一休闲小皮包，配带棒球帽，这样一身装扮定是街头焦点（图7-20）。

图7-19　运动形象服饰搭配

图7-20　休闲运动混搭

从礼仪的角度看，着装是基于自身的阅历修养、审美情趣、身材特点，根据不同的时间、场合、目的，对所穿的服装进行精心的选择与搭配。晚宴是现代社交活动不可避免的重要场合，要根据宴会的性质选择合适的宴会服装，使其既能体现仪表美，又能增加交际魅力。

一、女士晚宴着装

在晚宴、聚会等特殊场合中的着装可相对隆重一些，一般选择中长款连衣裙，裁剪得体的套装等，造型上多选择S造型，色彩上可选青灰、淡紫、米白、淡金等，面料上多采用乔其纱、雪纺或是带有闪光感的精细面料，搭配适当的皮草及其他配饰，能够衬托出高贵、成熟、雅致的女人味（图7-21）。

在西方国家，晚宴主要穿着晚礼服，主要分为小礼服和大礼服。小礼服一般为长至脚背而不拖地的露背式单色连衣裙式服装，其衣袖有长、有短，着装时可根据衣袖的长短选配长短适当的手套，通常不戴帽子或面纱。大礼服是一种袒胸露背的、拖地或不拖地的单色连衣裙式服装，可配以颜色不同的帽子或面纱、长纱手套，以及各种头饰、耳环、项链等首饰。大礼服适合于一种官方举行的正式宴会、酒会、大型正式的交际舞会等场合（图7-22）。

在东方国家，西方的礼服还没有得到普及，女士一般穿着端庄、典雅的服装。旗袍作为中国和世界华人女性的传统服装，被誉为中国国粹和女性国服，它的线条明朗、贴身合体，充分展现了女性的曲线美。现代旗袍更是我国女士最为理想的礼服，旗袍紧扣的高领，给人以雅致而庄重的感觉，微紧的腰身体现出腰臀的曲线，特别是两边的开衩，行走时下角微轻飘动，具有优雅之感。穿着旗袍可配高跟或半高跟皮鞋，或配面料高级、制作讲究的绒布鞋。穿着旗袍选择合适的搭配品装饰，可有画龙点睛之效（图7-23）。

图7-21 晚宴场合中的着装

图7-22　西方礼服

图7-23　女士旗袍礼服

图7-24　男士礼服

图7-25　男士燕尾服

二、男士晚宴着装

晚礼服是晚间聚会最常用的礼服，其上衣与普通西装相同，通常为全黑或全白，衣领镶有缎面，下装为配有缎带或丝腰带的黑裤；系黑领结，穿黑皮鞋，一般不戴帽子和手套（图 7-24）。

非常正式的大型晚宴，男士需穿着燕尾服。燕尾服上装为黑色或深蓝色，前摆齐腰剪平，后摆剪成燕尾状，翻领上镶有缎面；下装为黑或蓝色配有缎带、裤腿外侧有黑丝带的长裤，一般用背带；系白领结，可戴大礼帽，配黑皮鞋、黑丝袜、戴白手套。适合于晚宴、舞会、招待会等大型宴会场合（图 7-25）。

第四节 | 时尚前卫风格服饰形象

　　时尚前卫型人士有强烈的求异心理，成为时尚潮流的引导者。时尚前卫型的人士主要钟情几种流行风格：嘻哈风格、朋克风格、波西米亚风格等。不同的搭配风格鲜明，彰显出这一类型年轻人追求独立、特立独行的气质特点。

一、嘻哈风格

　　嘻哈风格始于街头风格，它把音乐、舞蹈、涂鸦、服饰融合到一起，成为20世纪90年代最为强势的一种年轻风格，棒球帽、T恤衫、牛仔裤、球鞋几乎是全世界嘻哈族约定俗成的"制服"。

　　嘻哈服饰总体看来是一种自由的、松松垮垮的造型，但随着时代的发展以及多元化服装风格的趋势发展，衍生出各种形式的嘻哈风格服饰样式，比如街头风格、运动风格、混搭风格等。

图7-26 街头嘻哈风格服饰

　　街头嘻哈风格是将街头流行元素融入嘻哈时尚，体现一种新潮的街头时尚和个性化的穿着面貌，整体造型自由随意，表现穿着者的前卫、独特和个性。款式及服饰色彩以强调街头时尚感为主要特色（图7-26）。

　　运动嘻哈风格是将运动装设计元素融入嘻哈时尚，整体服装造型设计自由、宽松舒适，男性多搭配帽衫、T恤以及篮球背心，而女性常以修身丝绒运动套装搭配夸张的配饰体现嘻哈风范。款式多为各种运动套装、棉质T恤、帽衫及肥大的运动裤或牛仔裤，色彩醒目，多用撞色，对比色，并以字母、数字图案造型作为特色的设计元素，着重体现嘻哈动感（图7-27）。

第七章　不同风格的服饰形象

图7-27 运动嘻哈风格服饰

图7-28 混搭嘻哈风格服饰

混搭嘻哈风格是将不同风格、质地和色彩的服装互相混搭在一起，打破单一纯粹的嘻哈风格，将流行元素与嘻哈元素融合，在反常规中突出个性（图 7-28）。

与嘻哈服饰风格相应的配饰主要有篮球鞋或工人靴、钓鱼帽或棒球帽、民族花样的包头巾、头发染烫成麦穗头或编成小辫子，夸张的纹身、银质耳环或者是鼻环、臂环、墨镜、滑板车、双肩背包等。最典型的是配搭金属质感的饰品，如宽松的牛仔裤腰节处侧搭一条粗粗的金属挂链，或在手腕上层层绕上一条金属手链。另外还有夸张耀眼的水钻饰品、墨镜、腕表、闪亮的手提包等（图7-29）。

二、朋克风格

朋克风格发端于20世纪60到70年代的美国"地下文化"和"无政府主义"风潮。朋克服饰多数来自于皮革，倾向于女穿男装，主要特点为鲜艳、破烂、简洁、金属、街头。款式另类、故意的毛边，不规则的造型，破损残旧，随意混搭，极尽体现出粗野、咆哮和不修饰的意味。色彩或艳丽或质朴或中性或性感，面料或皮革或棉毛或纱质面料。

图7-29 嘻哈风格
配饰

朋克风格最引人注目的还是发型和饰物的搭配。头发可漂染成各种颜色，穿多个甚至一排耳洞，并带上金属小耳环，手腕上套着粗粗细细的金属手链，带有骷髅或其他各种怪模怪样的戒指，脖子上围着金属项圈。女孩子在追求朋克风格时也可加入一些女性化色彩，比如烟熏妆、彩色网眼或条纹丝袜、色彩鲜艳的印花小T恤，甚至在整体着装中使用补色，在色彩上取胜（图7-30）。

三、波西米亚风格

波西米亚风格指一种保留着某种游牧民族特色的服装风格，其特点是鲜艳的手工装饰和粗犷厚重的面料。波西米亚风格代表着一种前所未有的浪漫化、民俗化、自由化。波西米亚服装提倡自由、放荡不羁和叛逆精神，浓烈的色彩让波西米亚风格的服装给人强烈的视觉冲击力。

图7-30 朋克风格搭配

波西米亚风格的服装并不是单纯指波西米亚当地人的民族服装，服装的外貌也不局限于波西米亚的民族服装和吉普赛风格的服装，它是一种融合了多民族风格的现代多元文化的产物。这也是典型民族风的代表。层叠蕾丝、蜡染印花、皮质流苏、手工细绳结、刺绣和珠串等都是此种风格的典型表现。

其色彩运用上多使用对比色，比如宝蓝与金色、中灰与粉红，比例使用不均衡，整体造型上强调宽松舒适。上装以 V 字领和一字领为主，夏装最有代表性的是 A 字长裙，裙长及膝或过膝。下摆宽大，裙子上都有横断线和层层叠叠的褶皱。面料以棉、麻、毛、翻毛皮革、牛仔布等天然面料为主，有些还采用了化纤以及含莱卡的面料。

当然波西米亚风格搭配中最引人注目的仍然是饰物的使用，手腕上、脚踝上、颈前、腰间，还有耳朵、指尖，身体上任何能披挂首饰的部位都会佩戴。首饰材料以金属和各种质地的彩色石头为主，首饰的尺寸通常比较大，民族感强（图 7-31）。

图7-31 波西米亚风格搭配

第五节 | 混搭风格服饰形象

混搭风格就是把各种不同风格的衣服及配饰搭配在一起，穿出另一种效果。混搭风格是近几年时尚界最为风靡的词汇，也是时尚前卫人士竞相追捧的一种服饰风格。混搭包含面料混搭、色彩混搭、风格混搭及线条混搭。

一、面料混搭

面料混搭已经成为混搭风格里的主流趋势，厚与薄、硬挺与垂软、光滑与粗糙、亮面与雾面，可以发挥想象力任意搭配。

面料混搭有两种主要方式。一种是拼接，即在同一件服装里，本身就有着不同面料。比如皮衣和针织、毛呢与皮草做拼接，显得更加时尚与年轻化（图7-32）。

图7-32 面料拼接混搭

第二种面料混搭就是将不同材质的单件服装搭配在一起。比如牛仔上衣搭配雪纺裙，针织紧身T恤配厚重的皮裤，丝绸吊带裙外搭配粗棉麻外套等。这种面料混搭方式比较随意，你只要根据需要，选择不同材质的单品进行混搭，就能穿出不一样的感觉（图7-33）。

二、色彩混搭

色彩混搭宜采用对比强烈、纯度相当的色彩，切忌用太多的颜色，全身上下的颜色最好控制在三四种之内（图7-34）。

图7-33　不同材质服装的混搭

图7-34　色彩混搭

三、风格混搭

  风格混搭就是将不同风格的服装单品搭配在一起或者一件单品中融入不同的风格元素，穿出时尚与个性。比如一件中性 H 型大衣里面搭配丝质蕾丝长裙，时尚又个性（图 7-35）。

四、线条混搭

  线条混搭就是将体积或线条相差较大的服装单品搭配在一起，能起到丰富视觉的效果。或者一件单品中运用不同线条，配合色彩、材质的变化，也能出现不一样的效果（图 7-36）。

图7-35　风格混搭服饰

图7-36　线条混搭服饰

练习题

请针对目前年轻人较为推崇的几种服饰形象，深入研究分析能展现其特征的服装风格的搭配特点，结合今年的流行趋势，探讨其成因及新表现。

拓展思考

莎士比亚曾说："服饰往往可以表现人格"。在人际交往中服饰在很大程度上反映了一个人的社会地位、身份、职业、收入、爱好及一个人的文化素养、审美品位等。即使我们沉默不语，我们的衣着与体态也会泄露我们过去的经历，服饰一直被认为是传递人的思想情感的"非语言信息"。服饰的礼仪文化往往体现着一个人的素养与内涵。请思考在校园、聚会、运动、辩论赛等不同的场合下，你是如何通过穿衣打扮来展现你的精神风貌的。

此章主要讲述服饰配件的基本概念及分类，并分别针对鞋履、帽子、包袋、丝巾、首饰如何装点服饰造型进行介绍。通过学习，学生能够利用服饰配件搭配基本原理分析不同场合、不同环境下如何进行配件搭配，使其更好地烘托服饰造型。

第8章
配饰塑造服饰形象

第一节 | 配饰基础知识

图8-1 饰品中的头饰

图8-2 饰品中的首饰

图8-3 装饰性的首饰

图8-4 装饰加实用的有色眼镜

在现代日常生活中，人们的着装准则依赖于当今的环境、文化、审美和潮流，人们对着装的要求体现在美观、舒适、卫生、时尚、个性和整体协调方面，以服装为主体，鞋帽、首饰等服装配件都要围绕服装的特点来搭配，从款式、色调、装饰上形成一个完整的服饰系列，使着装者形成完美的服饰统一体。

一、配饰的概念

配饰也称服饰配件、装饰物等，是指与服装相关的装饰物，即除服装以外的所有附加在人体上的装饰品和装饰。"服"表示衣服、穿着；"饰"表示修饰、饰品。

二、配饰的性能及作用

配饰有些是以装饰性为主，略带有实用性，包括首饰、领带、领结、花饰等；有些是在实用的前提下起装饰作用，包括鞋、帽、腰带、包袋、袜、伞、扇、眼镜等；有的饰物原来重于实用性，后来逐步转化为以装饰为主要目的，如装饰腰带、眼镜等，这种现象在现代饰物中常有所见（图 8-1—图 8-4）。

配饰在服饰中起到了重要的装饰和功用的作用，它使服装外观的视觉形象更为整体，通过配件的造型、色彩、装饰等弥补了某些服装的不足，配饰独特的艺术语言，满足了人们不同的心理需求。在人类文明发展不断进步的当下，配饰在服装领域中仍是不可缺少的。在许多场合，人们所追求的精神与外表上的完美，是借助服饰品而得以完成的。例如每个人都可以按照自己的兴趣爱好来修饰装扮自己，在不同的环境场合中，选用合适的装饰物起到很好的修饰点缀作用。职业女性的服装端庄稳重但略显拘谨，如果适当地点缀一枚别致的胸针或一副精致的耳环，能够增添其楚楚动人的一面（图8-5）；郊游的服装轻松随意，若在颈间或辫梢上束一方漂亮飘逸的丝巾，会显出青春浪漫的风采（图8-6）。

图8-5　首饰的加持让服装更时尚

三、常见配饰的种类

配饰不是孤立存在的，不可避免地受到社会环境、习俗、风格、审美等诸多元素的影响，经过不断的演进和完善，才形成了今天丰富多样的款式。在服装发展的历程中，我们看到许许多多的配饰，如精美华贵的首饰、夸张靓丽的礼帽、典雅大方的包袋、时髦别致的鞋靴、以及形形色色的手套、扇子、领带、花饰等，他们的造型、色彩、材料、图案等都是随着社会的发展而逐步形成并演进的，深深烙下了时代、地域、民族、政治、宗教、经济、文化等多方面的印记。

首饰品是由各种材料设计制作而成的纯装饰品和实用装饰品，用于装饰人体，具有审美、实用、保值以及其他目的（图8-7）。

图8-6　发丝上的丝巾更显青春浪漫的风采

包袋饰品由纺织品、皮革、绳草等制作而成，其以实用性和装饰性与服装搭配（图8-8）。

帽饰品是由各种材料制成的头部装饰品，用于遮阳、防寒、护体等实用目的以及装饰目的（图8-9）。

鞋、袜、手套饰品是由各种材料制成的手部、足部物品，有防寒、保暖、护手足等实用功能，同时也有装饰美化作用（图8-10）。

腰带饰品是由各种材料制成的腰部饰物，用于绑束衣服。

花饰品由各种材料以及自然花草制作而成，主要用于装饰衣服、帽子以及装点服饰环境，烘托气氛。

图8-7　首饰

图8-8　腰包

图8-9　同系列帽子、手套、围巾

图8-10　各式的鞋履

第二节 | 鞋履装点服饰造型

再好的衣服也需要鞋履的搭配，注意鞋履、服装的颜色、款式、材质的呼应，就可以打造出多种风格，做到时尚百搭。

一、鞋履的特点

图8-11 牛津鞋

鞋履不仅仅有保护脚的实用功能，同时也是一种象征性配饰；鞋履的作用在于改变人体的外形曲线，更好地提升着衣的服饰品位，这也就是为什么我们会觉得穿高跟鞋的女士更有魅力的原因。鞋履比起其他服装配饰，更能透露出着装者的品位与水准，也更能反映出着装者的自我形象。

二、鞋履的分类

以男装为例，根据不同的着装场合鞋履可以有不同的礼仪等级。

1. 牛津鞋

牛津鞋的襟片系带设计是封闭式的，适合出席一些正式和半正式的场合穿着（图 8-11）。黑色漆皮皮鞋作为最正式的鞋履，适合与礼服、黑色西服套装相搭配，适合出席一些高级宴会、音乐会或商务谈判之类的活动，给人以正式、严肃、庄重感。

2. 德比鞋

德比鞋的襟片系带设计是开放式的，适合出席一些半正式的场合，不仅适合用在正装场合，也很适合出席商务休闲或者商务旅行之类的活动，比传统黑色牛津鞋的正装搭配更具有灵活性。搭配棕色的德比鞋显得年轻又有朝气，结合灵动的配饰，比如花色的领带、波点的口袋巾、格纹的领结等。相较于正装鞋履，德比鞋多了一份休闲舒适感（图 8-12）。

图8-12 德比鞋

图8-13 僧侣鞋　　　　　　　　　　　　　　　图8-14 乐福鞋

3. 僧侣鞋

僧侣鞋也被叫做"孟克鞋"，它标志性的特征是横跨脚面、有金属扣环的横向搭带。僧侣鞋最早出现于系带鞋发明之前的时代，因此是西方最古老的鞋履种类之一。可以搭配商务装或者商务休闲装，僧侣鞋更受年轻人的喜爱，蓝色西装和棕色僧侣鞋的搭配、深蓝色牛仔裤和黑色僧侣鞋的搭配等（如图 8-13 ）。

4. 乐福鞋

乐福鞋有懒人鞋履之称，最大的优点是容易穿脱，有便士、流苏、马衔扣三种形式。通常裸脚穿，可以搭配各种款式的休闲服装。比如牛仔衬衫、牛仔裤、夹克等。裤装以露出脚面的九分裤为好，既形成了层次，也让整体拥有更加年轻的味道，清爽自在的同时让男士显得更加绅士（如图 8-14 ）。

5. 切尔西靴

切尔西靴设计简洁，低跟、圆鞋头、无鞋带、靴筒高至脚踝，一般侧面会有松紧带收紧靴筒。切尔西靴的材质中，麂皮或绒面的材质较多，搭配各式各样的休闲街头造型（图 8-15 ）。

图8-15 切尔西靴

6. 沙漠靴

沙漠靴比切尔西靴的筒身要低，鞋帮高出踝骨 2 ~ 3cm。采用的是开放式鞋襟设计，一般会有 2~3 个鞋带孔，款式休闲。可搭配各式休闲装，同牛仔裤搭配显得非常酷（图 8-16 ）。

图8-16 沙漠靴

7. 马丁靴

设计有 8 孔系带，鞋边黄色针脚及独特的鞋印图案，成为了不同年代的潮流文化标记。成为朋克……等的最爱。丁靴有酒红色、深蓝色、墨绿色、军绿色等多种颜色。搭配牛仔裤、卡其裤时，可以把裤腿挽起，显示出其野性、粗犷的一面。与机车装、摇滚装也是标配（图 8-17 ）。

一套精美的服装如果没有一双与之呼应的鞋履相配的话，就会给人的整体美带来几分缺憾。鞋履与服装的搭配关键在于两者之间款式、色彩、质地均相配。通常鞋履要与服装的款式风格统一；鞋履的颜色与服装的颜色相同或相近比较好，穿起来显得协调雅致。

图8-17 马丁靴

125

第三节 | 帽子装点服饰造型

在讲究服饰配套的今天，女性对帽子的要求似乎更加强烈，使之成为不可忽视的饰品之一，也是现代流行时尚中的亮点。

一、帽子的分类

根据帽子不同的造型、用途可以把帽子大体划分为以下几类：礼帽有宽檐软呢帽、圆顶礼帽、高筒礼帽等多种，是适合男子于正式场合佩戴的帽子（图8-18）；豆蔻帽、宽边帽、药盒帽，是一种装饰性较强的帽式，适合女士在正式场合中使用；钟形帽，女士在正式场合和日常生活中都可以使用（如图8-19）。贝雷帽、翻折帽、鸭舌帽、棒球帽、渔夫帽男女都可以使用，是日常生活或旅游时使用的实用帽型。根据不同的场合选择合适的帽子，能透露出着装者的品位，也更能突出着装者的自我形象。

图8-18 男子在正式场合佩戴的帽子

图8-19 女子在正式场合佩戴的帽子

图8-20 帽子与服装的搭配

二、帽子与服装的搭配

帽子既有实用功能又有装饰功能，同时还能作为一种礼仪的象征。一顶合适的帽子，加上得体的戴法，能够衬托出一个人的身份、地位和修养。穿戴时需注意其软式、颜色是否与服装相配，同时还要考虑帽子造型是否与本人身材、脸型、肤色、发型、头部的大小、脖子的长短以及肩膀的宽窄相协调。选择一顶合适的帽子能够起到画龙点睛的美化作用。因此帽子在与服装搭配时，要注意以下六个方面。

1. 帽子与服装风格的统一

帽子是附属于服装的，某种风格的服装必须搭配相同风格的帽子，只有这样才能达到着装整体美的效果，否则会弄巧成拙。如身着休闲服装，便可佩戴活泼随意、色彩鲜艳的太阳帽、运动帽、贝雷帽；身着时尚款式的呢大衣，则需要佩戴一顶做工精致的淑女帽，才能显出高雅的气质（图8-20）。

图8-21 帽子与服装色彩的协调统一

2. 帽子与服装色彩的协调统一

虽然现今社会服装潮流向多元化、个性化的方向发展，但服饰色彩的搭配上还是强调协调统一的，帽子的色彩是服装色彩的重要组成部分，不应将它孤立地对待，而应将其纳入到服装配色的整体中去，统筹考虑。一般采用的方法有：同类色搭配、类似色搭配、对比色搭配三种方式（图8-21）。

3. 帽子与服装材质的协调统一

帽子与服装配套，除款式风格和色彩外，材质的协调也是服饰达到整体和谐美的重要因素之一。因此帽子的质地应于服装的质地相协调。毛线帽通常与棉服相搭配；呢帽与羊绒大衣相搭配；棉质的渔夫帽与圆领套头衫相搭配（图8-22）。

图8-22 帽子与服装材质的协调统一

图8-23 帽子与身材的协调统一 　　　　　　　　　　　　　　　　　　　**图8-24** 帽子与脸型的协调统一 　　　　　**图8-25** 帽子与样式适合的脸型

图8-26 帽子与肤色的协调统一

4. 帽子与身材的协调统一

一般说身材高大者帽子宜大不宜小，否则会给人以头轻脚重之感；身材瘦小者帽子宜小不宜大，否则会给人以头重脚轻之感。脖子短的人不要选择色彩鲜艳的帽子，身材矮小的人，衣、帽应同色，这样可使观者产生整体连贯、延伸之感，使身材显得更高些（图 8-23）。

5. 帽子与脸型的协调统一

脸型胖的人不宜选用较小的圆顶帽，适合选用宽大帽檐的帽子；长脸型的人可以戴宽帽檐儿的帽子；椭圆型脸的人适合圆顶帽（图 8-24）；圆型脸的人为使脸部看起来不那么鼓圆，适合帽冠较长、不规则帽檐儿的帽子，这样可以增加脸部的长度（图 8-25）；帽冠显眼和不规则的帽檐边能使方形脸人的脸部造型显得柔和，高帽冠和不对称的帽檐可让人忽略视瓜子形脸的尖下巴。

6. 帽子与肤色的协调统一

面色健康白嫩的人帽子适用色彩较多，能够与很多颜色协调；肤色灰白的人适合用纯度不高的中间色，如石绿、玉白、浅蓝、淡紫色等，不要选择过于艳丽的颜色；黄皮肤的人不适合佩戴黄色、绿色的帽子，可选择深茶色、莲子白、蟹青、米灰等色；皮肤黝黑的人在选用颜色鲜艳的帽子时，要注意着装的整体效果（图 8-26）。

所谓"穿衣戴帽"各有所好，这句话表达了人们不同的审美情趣。什么样的服装选配什么样的帽子、适合什么场合，是我们着装时要考虑的问题。选择一顶适合自己的帽子，会显得与众不同，有助于个人形象的塑造。

第四节 | 包袋装点服饰造型

　　包袋的款式可谓五花八门，对于时尚人士来说，包袋就像首饰一样，是着装时的重要搭配元素，会依据季节和服装色彩的变化而更换。学习包袋装点服饰造型，就是要学会根据不同场合、不同季节和不同的服装色彩的变化选择一款合适的包袋。

　　箱包因其特有的储物功能加上独特的款式造型、材质与色彩，而成为服饰中的一个重要组成部分。包袋与服装是一个整体的两个部分，如果搭配使用得当，就会相得益彰，显得既实用又美观（图 8-27）。

一、款式方面

　　从款式上看，环境、场合对箱包设计的要求，同对服装款式设计的要求基本相同。如在公司上班时，其服装的风格较严谨、正式，此时与服装相搭配的公文包的设计风格也是如此。又如在外出旅游时，人们的穿着较轻松自然舒适，与之相配的旅行包、休闲包、腰包等也要朴素自然。因此服装的语言与箱包的语言必须统一，不然会出现自相矛盾的情况。

　　同样两款腰包，挺括方正的造型，简约的黑白两色，更适合搭配时尚前卫的白领的套装（图 8-28）。亲民的帆布材质包，松垮的造型，明显更加休闲化，更适合通勤的 IT 男（图 8-29）。

图8-27　包袋与服装的搭配　　　　图8-28　时尚前卫的搭配　　　图8-29　IT男的时尚搭配

图8-30　同色系搭配　　　　图8-31　新潮感搭配　　　　图8-32　对比色搭配

图8-33　适合旅行的搭配

二、色彩方面

在色彩方面，要考虑与服装的协调。包袋与服装的色彩搭配，有以下三种：

同色系搭配法：相同色系、颜色深浅不同的包袋与服装的搭配能给人古典、端庄、大气的感觉（图8-30）。出差时可以搭配一个旅行出差包，容量大又不失商务范和时尚范。选一件白衬衫配卡其裤，手提棕色旅行包，给人以新潮酷感（图8-31）。

对比色搭配法：对比色往往给人抢眼的感觉，外出游玩或参加娱乐活动时适合这类搭配，黑白两色的着装，搭配一款蓝色帆布旅行背包，与白色裤装形成鲜明的对比，时尚而醒目（图8-32）。

色彩呼应搭配法：包袋的颜色与服装的色彩、花纹相协调的搭配方式让人看着就无比舒服，适合上班、旅行等场合时使用。如图8-33模特手提款式设计稍夸张的棕色旅行包与裤装中的棕色遥相呼应，搭配和谐。图8-34模特着一身休闲装，黑色的巴拿马帽、黑色的手拿包与上衣中的黑色镶边和黑色的裤装融为一个整体。

三、材质方面

从材质上来看，包袋的不同材质也会产生不同的效果，如真皮类显得高档、雅致，编织类显得朴素、自然，闪光人造革则显得较为时尚

图8-34　适合上班的搭配

图8-35　一位外出的男士的搭配

图8-36　秋冬季色的搭配

等。在选择不同材质的包袋与服装搭配时，同样也要充分考虑到风格的协调一致性。此外，包袋的不同材质还具有不同的季节感，如帆布、草编类较适用夏季，毛皮类、毛毡类则适合冬季，皮革类的使用性格较强。

圆领衫、牛仔裤搭配帆布包，复古的组合，都属于有粗糙质感的面料，让你更加有型，适合外出休闲（图8-35）。如图8-36模特一身秋冬季色，深棕色的斜挎皮包上点缀些许皮草，饱满而醇厚。

此外，包袋装饰工艺与加工工艺同样也会影响到其风格特征。搭配时同样也需要考虑与服装风格的一致性。如宴会包的装饰工艺一般都较为复杂多样，是为了适合与同样夸张、豪华、高贵的礼服相搭配（图8-37）。

不论包的种类有多少种，款式造型、色彩有多么丰富，采用何种材质、何种工艺。在与服装搭配时包的风格要与服装、鞋、帽等风格相统一、相协调。只有认真的选择搭配，才能寻求到最佳的表现效果。

图8-37　复杂的装饰工艺

第五节 | 丝巾装点服饰造型

图8-38 有无丝巾装点对比

同一件衣服搭配不同的丝巾会产生完全不同的形象效果。毫无细节感的黑色夹克，搭上一条丝巾就立刻不同了，如图8-38所示的两张照片，一张是没有戴丝巾的样子，看起来多少有点普通，相反另一张佩戴了红色的丝巾后形象显得耀眼醒目，那一抹红简单的系在颈部，与红唇相呼应，让整体的造型看上去休闲慵懒中又带有一丝不羁之气。

想要找出最适合自己的丝巾，搭出最美的风格，首先应该了解自己的脸型和体型适合什么样的款式和搭配，最基本的就是要真正认识自己的脸型和体型的优缺点，然后学会扬长避短。自己的脸型、体型与丝巾的搭配是有技巧的，要学会如何搭配丝巾尽可能的凸显自己的个性，增加辨识度。

首先避免使用跟自己脸型、体形形态相同的元素；其次利用视错觉，最大限度的让自己的容貌更端正；最后根据体型和搭配效果选择方巾。

下面我们将会通过一些实例，来帮助理解如何根据自己的脸型、体型来搭配丝巾。

一、避免使用跟自己脸型、体形形态相同的元素

为了找到适合自己的丝巾款式，首先要做的就是避免选择丝巾中有和自己脸型、体型形态相同的元素。例如：圆脸的人选择类似圆点印花等带有圆形元素的丝巾式样，或者长脸的人选择类似条纹印花的长条型丝巾款式，都会放大自身的缺点。尖下巴的人也不适合类似条纹的直线型款式，在佩戴时尽可能避免产生V形造型（图8-39）。

身材矮小的人如果使用夸张的大型条纹丝巾，会看上去会更矮要尽量避开；脖子短粗的人，不应使用堆砌在颈部的围法；体型偏瘦的人不适合使用小碎花或者深色的丝巾，也要尽量避开佩戴较大体量的针织类围巾，因为原重针织品会让人显得有种受压迫感；如果体型丰满，选择材质硬或者厚重的围巾，会让人显得更胖，明亮鲜艳的浅粉彩色调也会让人看起来更胖，最好避开（图8-40）。

图8-39　圆脸适合的丝巾

二、利用视错觉，最大限度的让自己的容貌更端正

图8-40　不同体型适合不同的丝巾

要利用视错觉掩饰自己的缺点，如圆脸要加入一点角度变化，棱角分明的脸要将角度变得柔和，太长了就要变短，太短的话就要加长，利用这种视错觉效果，最大程度的使自己的容貌符合当下审美。

圆脸的人选择能让视线上下移动的长线条的图案，或者选择 V 字造型的佩戴方法，或是干脆让丝巾自然垂下来（图 8-41）。

个子较矮的人干脆将丝巾系在胸部以上靠近脸部的位置，这样整个视线也会上移，从而达到让人看起来更高的效果。另外，如果选择颜色分层的丝巾，要选越向下颜色越深、靠近颈部的位置的颜色渐浅的丝巾，这样的搭配也行达到让人看起来显高的效果（图 8-42）。

身材圆润的人在搭配时，想让整体看上去修长，在选择丝巾时，应该选择和服饰一样素雅的颜

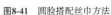

图8-41　圆脸搭配丝巾方法

图8-42 个子矮小者搭配丝巾的方法

图8-43 身材圆润者搭配丝巾的方法

色，并以相同色调的色彩制造出分层的效果，这样能让视线上下移动，从而达到显瘦的效果（如8-43）。色彩上也应该尽量选择能让人显瘦的深沉厚重的颜色。相反，瘦人应该选择一些鲜艳明亮的暖色调丝巾，让皮肤光彩焕发。

三、根据体型和搭配效果选择方巾

1. 想让脸看起来显小

扩展丝巾在胸前或是颈部附近的面积，这是使脸型显小的代表方法。宽大展开的丝巾，能让脸看上去更小，因为视线焦点会被丝巾吸引，从而减少面部的负担感（图8-44）。在图案的选择方面，比起小巧可爱的类型，大纹样清爽的款式更能体现个性和风格。

2. 想要看起来更年轻

如果想要利用丝巾打造童颜造型，那么款式和颜色选择很重要。首先，圆点印花、字符、花纹图案的最好，选择明亮鲜艳的纹样。涡纹图案或几何图形等成熟稳重的款式最好避免使用。颜色应该选择鲜艳、饱和度高的效果会更好（图8-45、图8-46）。

3. 想让颈部看上去显修长

如果想让颈部看上去更修长，丝巾在颈部的三角区域部分越小越好，用V字型搭配，能够有效的映衬出天鹅颈。尽可能选择长直线或者延展的链条形的丝巾图案。选择背景色与图案色彩如果对比鲜明的效果，能够更加有效地发挥长链条形图案的优点（图8-47）。

4. 想要显得个儿更高

想让自己看上去更高，可以选择简洁、竖条纹印花的丝巾。比起系在颈部的方式，佩戴的时候直接挂在颈部让它自然垂下，制造一种由上到下

图8-44 宽大的丝巾使脸变小

图8-45 清爽的款式体现个性和风格

图8-46 看起来更年轻的搭配丝巾方法

134

的线条感更好（图 8-48）。但是，个子太矮者不适合这种过长的佩戴方式，其应该在适当的位置打个结，将整个视线转移到上部，效果会更好。色彩方面，选择使用跟服饰色系相同的素雅的颜色（图 8-49）。需要注意的是太深的颜色、过大的款式以及条纹宽大的设计都会使人看上去更矮。

5. 平胸女可巧妙利用丝巾掩盖自己的缺陷

胸前宽大发散的装饰可以掩盖胸部的缺陷，让身体看上去更丰满（图 8-50）。选择明亮鲜艳的颜色，大型的丝巾比迷你的更适用。图案选择上，比起华丽纹样，选择色彩对比强烈的丝巾会更好。相对于轻盈飘逸的材质，更加推荐厚实有立体感的棉质或锦纶质地，这样的制品更加有质感。

图8-47　让颈部修长的搭配丝巾方法

6. 掩饰过度丰腴的上体

让人羡慕的丰满胸部有时带来的不一定是美感（图 8-51）。比起身体其他部位，上体丰满的人不适合在胸前做加法装饰，或将丝巾在胸前打结，带有褶皱或者蕾丝褶边的单品都应该避免使用。在质地方面，可以选择柔顺、自然下垂或轻盈挺括的材质。

7. 整体显得娇小的搭配

体型高大的人通常看起来比实际要胖，巧妙利用自己体型长处，反而可以打造出更加迷人的形象。丝巾太小或者质地轻盈，容易让人看起来显高大，所以选择宽大别致的款式更有利于自己显得娇小可人。建议使用各种材质混搭、多种颜色配色等大胆的搭配。有效的佩戴方法是将有质感的丝巾像项链一样挂在颈部（图 8-52）。

图8-48　丝巾自然下垂显身长

总的来说，首先一定要了解自己的体型，再根据自己的体型特征结合利用视错觉，最大限度的让自己的容貌更端正，选择适合自己的丝巾，遮掩自己的缺点，凸显自己的优势，使自己瞬间成为百变女王。

图8-49　丝巾与服饰色系相呼应

图8-50　掩饰缺陷的搭配丝巾方法

图8-51　掩饰丰腴上体的搭配丝巾方法

图8-52　利用长处的搭配丝巾方法

第六节 | 首饰装点服饰造型

图8-53 耳钉

首饰在造型中有着重要的地位，它除了有点缀的效果之外，首饰的存在还是提升穿搭、突显品味的重要元素。通过时尚首饰的搭配这个知识点的学习，你将学会根据不同的服装风格、脸型、手型选择适合自己的耳饰、项链、戒指、手环，用首饰提升自己的穿搭效果，让你整个人变得更加与众不同。

一、耳钉

耳钉不管戴上好看还是不好看，都是精神上的一种加持。耳钉被相当多的男生尝试佩戴，活跃于男生耳朵上的时尚小物以银色或是黑色为主。除了耳钉之外，也有男生会选择耳环，甚至有多个一起佩戴的方式，也能更好地营造层次感。对耳朵的装扮除了耳环外，还有更抓人眼球、够个性的耳骨圈、耳骨饰品（图 8-53）。

二、项链

夏季穿衣单薄，不如秋季服装自带层次感，若添加一串项链就会多添一份时尚不羁的味道。如图 8-54 所示，一条项链让胸前呈现 V 字型。它能给你带来拉长颈部修饰脸型、增加层次的效果。在单品的选择上可以粗细、长短混合搭配，除了金属质感项链之外，还可以是串珠、皮绳等多种材质，以供选择多元的材质混搭，经过点缀会更加的有型（图 8-55）。

三、戒指搭配

这几年男士戒指流行极简风格，一些设计低调、简约的款式更容易搭配

图8-54　一条项链的魅力　　图8-55　多种金属材质装饰的魅力　　图8-56　硬派的戒指搭配

服装。戒指可以跟多种服装风格搭配在一起，或休闲或街头或绅士或商务都不设上限。喜欢粗犷风格、美式嬉皮风格的可以选择有分量、设计繁复的手工戒指，比如骷髅、敦实的矿石款都能展现硬派的男子气概（图8-56）。若要同时佩戴3、4枚戒指的话，最好是根据戒指的风格属性，按同色系来挑选，这样才能使得风格整体统一（图8-57）。

　　除了挑选自己喜欢的款式之外，还可以根据手型来挑选。手指修长、宽大厚实的模特手，请随便选；若是又小、又粗、又短的手指，请避开细窄型的；过于秀气的手，太过宽大的戒指请慎选，容易显得粗短；指关节宽的可以选择底座较为厚实的款式，可以让指节得到很好的修饰（图8-58）。

四、手环叠戴

　　潮男手腕上的风采除手表之外一定不能少了手环，手环是能够给穿搭带来层次感的单品。追随潮流的，可以叠戴，以增强视觉冲击力。

　　不论是度假风格还是休闲风格，选择不同的银饰、金饰、串珠、皮绳、棉麻编织绳等材质的手环与手表混搭，有种不羁的侠客风情（图8-59）。需要绅装打扮，腕表、手环可以让正式或是半正式穿搭更有型，除了领带、皮带、装饰巾等，手环的点缀在袖口中若隐若现，会带来不凡的绅士魅力以及呈现出不一样的品味（图8-60）。

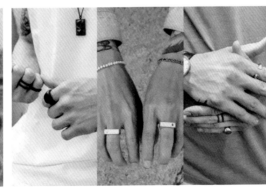

图8-57　风格统一的戒指搭配　　图8-58　不同手型搭配戒指方法　　图8-59　手环与手表混搭

图8-60　若隐若现的手环装点　　图8-61　出席商务场合首饰　　图8-62　出席晚宴场合首饰　　图8-63　休闲场合首饰

　　首饰与服装的搭配是一门艺术，若两者搭配得当，会相得益彰。反之，则会破坏整体形象。因此在选择所要搭配的首饰时，一定要注重首饰的时尚感，结合不同材质的混搭、首饰与服装风格的统一、首饰与服装色调的呼应以及各部位首饰之间主题风格的一致性。还要把握不同场合的服饰要求，进行得体的首饰搭配。商务场合，着装表现为稳重大方，端庄优雅。首饰的搭配应选用精致、小巧、做工精良的黄金、白金首饰或珍珠首饰（图8-61）。晚宴场合，着装华美艳丽，佩戴的一般是贵重豪华的珠宝首饰套件，饰品形体较大、做工精致、色彩璀璨（图8-62）。休闲场合，首饰的选择可根据服装随个人喜好，佩戴相对随意，选择质朴的、个性化夸张的首饰（图8-63）。

　　每个人要根据自身的特点，结合服装及场合去选择首饰。一套搭配得当的首饰，不仅能成为整体造型的点睛之笔，增加造型可看性，更能强化个人风格。

练习题

1. 服饰配件的种类有哪些？
2. 简述服饰配件之间的相互关系。
3. 简述服饰配件在服饰搭配中应该遵循的原则。

拓展思考

　　当今我们的盛世中华之所以能取得这么辉煌的成就，靠的是中国梦，时刻遵循梦想，克服种种困难，实现中华民族的伟大复兴，让全国人民都能在这盛世里欢畅。本着服饰以美育人、以美化人的原则，配饰搭配可以做到弘扬中华传统服饰文化的精神。近年热播的电视剧《甄嬛传》中人物凭借精彩的表演同时离不开服饰对人物的烘托装点的作用，那一款款华美的女服配上由清代军服中的暖帽演绎过来的耀眼的帽饰形成一幅亮丽的画面。剧中把清朝的头饰扁坊及暖帽设计可谓演绎到了极致。最终作品飘扬过海出口到美国，把中国传统的服饰文化一并带到了海外。通过凤冠、步摇、花钗、玉佩、香囊等具有中国传统特色配饰的搭配，大家谈谈从哪些方面可以做到弘扬中华传统文化，提高学生的审美能力和人文素养。

本章主要介绍了化妆工具和化妆品的分类和作用、基本化妆技法、淡妆的画法，发型、妆容和服饰的搭配技巧。通过学习，能够利用化妆及发型基本知识针对不同的服饰形象进行不同的化妆及发型的塑造，从而达到整体服饰形象的提升。

第九章
妆容与服饰形象

第一节 ｜ 化妆基础

化妆是人们利用工具在脸部描画，改变外型的一种手法。从广义上来说，化妆指对人的整体造型，包括妆容、发型、服饰等改变；从狭义上来说，化妆只是针对人的面部修饰，就是对脸部线条、五官、皮肤作"形"和"色"的处理。

一、化妆的作用

在现代生活中，人们追求整体美，包括外在美、气质美、心灵美，化妆正是人们打开美丽之门的钥匙。它的作用主要表现为三方面：

首先是美化容貌。一位女士在化妆之后，整体形象会得到很大的提升。因为化妆品可以遮盖面部的瑕疵，显示优点，让自己的形象更加完美。

图9-1 湿粉扑

其次是增强自信。女士在化妆之后，外表和气质会变得更完美，从而会获得自我巨大的满足感，自信心也会随之大大提升。

第三是弥补缺陷。化妆可通过运用化妆技法造成人的视错觉，从而达到修饰缺陷的目的。

二、化妆工具的类型

图9-2 粉扑

1. 脸部化妆工具

湿粉扑（图9-1）：多形状的海绵块打湿后，蘸粉底液直接涂于面部，可提亮肤色使妆面均匀柔和。

粉扑（图9-2）：材质是丝绒或棉布，蘸上蜜粉直接按压于面部，使妆容持久。

粉底刷（图9-3）：毛质柔软细滑，附着力好，能均匀地吸取粉底

图9-3 粉底刷

涂于刷面部，功能相当于湿粉扑，是抹粉底的最佳工具。

蜜粉刷（图9-4）：圆形扫头，扫头较大，刷毛较长且蓬松，便于轻柔均匀地涂抹蜜粉。

胭脂刷（图9-5）：比蜜粉刷略小，有圆形及扁形扫头，刷毛长短适中，可以轻松地涂抹腮红。

斜角刷（图9-6）：刷头一斜角形，使用时在太阳穴和颧骨之间反复斜刷，既可用于修饰脸型，也可用于提亮高光部位。

扇形刷（图9-7）：刷头为扇形，主要用于扫除脸部化妆时多余的蜜粉、腮红粉和眼影粉。

遮瑕刷（图9-8）：扫头细小扁平，毛质略硬、黏少许遮暇膏后在面部的斑点、痘印等瑕疵处涂抹。

图9-4 蜜粉刷　　　　　图9-5 胭脂刷

2. 眼部化妆工具

眼影刷（图9-9）：扫头呈扁形。分大、中、小三个型号，大号用于调和眼影，中号用于涂抹颜色，小号用于涂抹眼线部位。

眼影海绵棒（图9-10）：扫头为三角形海绵，便于把眼影粉涂抹在眼部皮肤肌理，使眼影和皮肤的黏合更加服贴。

眼线刷（图9-11）：扫头细长，毛质坚实，眼线液涂抹睫毛根部，可描画眼线。

眉毛刷（图9-12）：刷头分两边，一边为刷毛一边为单排梳，可梳理眉毛和睫毛，使粘合的睫毛分开。

眉扫（图9-13）：扫头斜角形状，毛质软硬适中，可蘸取少许的眉粉轻扫

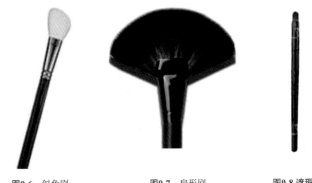

图9-6 斜角刷　　　　图9-7 扇形刷　　　　图9-8 遮瑕刷

图9-9 眼影刷　　　　　图9-10 眼影海绵棒

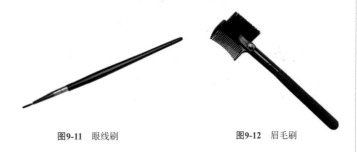

图9-11 眼线刷　　　　　图9-12 眉毛刷

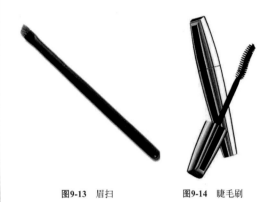

图9-13　眉扫　　　　　图9-14　睫毛刷

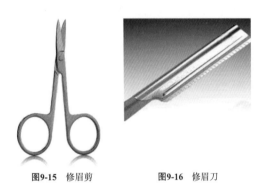

图9-15　修眉剪　　　　图9-16　修眉刀

图9-17　睫毛夹　　　　图9-18　美目胶

图9-19　唇线扫　　　　图9-20　唇扫

于眉毛上，自然真实。

睫毛刷（图9-14）：刷头呈螺旋形状，可蘸取睫毛膏涂擦于睫毛上，也可用于梳理睫毛。

修眉剪（图9-15）：剪刀尖端微微上翘，便于修剪多余的眉毛，也可裁剪美目胶。

修眉刀（图9-16）：单片刀头，很锋利，可剃掉多余的眉毛。

睫毛夹（图9-17）：睫毛放于夹子的中间，手指在睫毛夹上用力压夹，可使睫毛卷翘。

美目胶（图9-18）：透明或不透明的胶布，可根据眼长用修眉剪剪出月牙，粘贴于双眼皮褶线的位置，可调整或加宽双眼皮。

3. 唇部化妆工具

唇线扫（图9-19）：扫头细长，用于勾勒唇部轮廓线条。

唇扫（图9-20）：扫头细小扁平，主要用来涂抹唇膏或唇彩。

三、化妆品的类型

1. 脸部化妆品

（1）妆前乳液：能保湿滋润皮肤，并有效抵抗紫外线辐射与隔离尘垢。使用时用手均匀地涂抹于面部。

（2）粉底类：粉底类化妆品对皮肤有修饰遮盖作用，可掩盖皮肤的瑕疵，使皮肤显得白皙、光滑、细腻，常见的有霜、膏、液体、粉质类。

粉底霜：霜状，粉质略厚，滋润度高，遮盖力较好。

粉底膏：粉质密度厚且干，遮盖力最强，适用于面部大面积遮瑕明显提亮肤色妆容。使用粉底膏作底妆，妆容较持久。

粉底液：液状，粉质轻薄透明，妆感自然但遮瑕力较差，适用于夏天与中性、油性、混合性皮肤。

蜜粉：上好底妆后，用蜜粉刷蘸取蜜粉均匀扑印面部，可用于固定妆容。

粉饼：粉质效果与蜜粉相近，有定妆补妆的作用。

遮瑕膏：密度更高，遮盖力更强，能对黑眼圈、色素沉着、斑点、暗疮印、胎记等有效覆盖。

2. 眼部化妆品

眉笔：用于调整眉形、强调眉色，使面部整体协调。使用方法：在眉毛部位描画，描画后再用眉毛刷或眉扫均匀扫开。

眉粉：粉状，用于调整眉形、强调眉色。使用方法：用眉扫蘸少许眉粉均匀扫于眉部。

染眉膏：膏状，深色眉毛膏可加深眉毛的颜色，浅色眉毛膏可减淡眉毛的颜色。使用方法：用眉刷取适量均匀涂擦眉毛上。

眼影：改善和强调眼部凹凸结构，修饰眼形，彩色眼影可加强眼睛的神采。使用方法：用眼影刷或眼影棒蘸适量的眼影涂在眼部皮肤上。

眼线笔：可描画眼线，加强眼睛立体感，使眼睛明亮有神。使用方法：贴近睫毛根部描画眼线，粗细可随意控制。

眼线液：液体眼线笔，可描画眼线。使用方法：贴近睫毛根部描画眼线。描画时不好控制，但不易脱妆。

睫毛膏：加强睫毛的浓密度和长度，使眼睛倍添魅力。使用方法：从睫毛根部向上"Z"形转刷。

3. 唇部的彩妆品

润唇膏：无色或浅色，能有效滋润唇部，预防干纹与干燥爆裂。使用方法：直接涂于唇部，补充水分不足的部位。

口红：改变唇部色彩，与整体妆容协调。使用方法：用唇扫蘸适量口红涂抹于唇部。

唇彩：黏稠液状，明亮滋润，增加唇部立体感与光泽度。使用方法：在已涂口红的唇上，用唇扫蘸取适量唇彩涂抹。也可直接涂抹于裸唇上。

时代在变，潮流在变，化妆发展到现代已不仅仅是为了使人变美，而是一种对他人尊重的礼仪，同时也是生活中的一种精神调剂品，通过化妆不但可以使人拥有美好的形象，还可以使女性在心理上充满活力，心情愉快地投入到学习和工作中去。

第二节 | 化妆技法

　　化妆是现代女性生活的一种表现，在繁忙的工作生活中，根据出席场合和整体着装风格选择合适的妆面是公共礼仪的重要组成部分，同时也是尊重他人的表现。

　　在日常工作和生活中，女性一般可根据时间、场合、身份的不同，选择采用淡妆、晚宴妆、时尚妆等，要想画出一个完美的妆容，那么应该按照正确的化妆步骤进行。

一、化妆步骤

　　一个完整的妆容一般是按照修眉——美目贴——涂隔离霜——涂粉底——轮廓修饰——遮瑕——蜜粉定妆——眼部（画眉——眼影——眼线——睫毛）——鼻部——唇部——腮红——调整定妆这个顺序完成的。

1. 修眉（图9-21）

　　方法：先用眉毛刷梳理眉毛，设计好眉型后，用修眉刀刮去多余的眉毛，最后用修眉剪剪去过长的眉毛，修眉时，应注意几个要点，一是眉头和内眼角在同一条垂直线上。二是眉梢在鼻翼至外眼角连线的延长线上。三是眉峰在鼻翼至瞳孔或眼珠外缘连线的延长线上（图 9-21）。

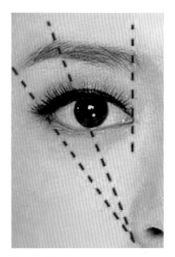

图9-21　修眉

2. 美目贴

　　方法：用修眉剪剪出长度适中的月牙，用镊子夹住美目贴的中间，贴在眼睛双眼皮叠线位置。

　　美目贴在眼睛大小不对称、眼皮松弛下垂、单眼皮和加宽双眼皮情况下使用效果较好。（图 9-22）

3. 涂隔离霜

　　它的作用是防晒，减弱尘垢和彩妆对皮肤的伤害。

图9-22　美目贴

使用方法是取适量隔离霜点在面部，用手指均匀涂抹开。

4. 涂粉底

方法：用湿粉扑或粉底刷取适量的粉底，用拍擦的手法，顺着面部汗毛生长的方向涂抹，比如先从脸颊自内向外涂，再从额头中心向着两侧涂抹。最后涂抹鼻翼、唇角等细小部位，薄薄地均匀地涂抹一层于面部。

5. 轮廓修饰

方法：用湿粉扑或粉底刷把亮色粉底涂于眉骨、上眼皮中部、鼻梁、下巴等高光位置，阴影粉底涂于眼窝、鼻两侧、两腮，利用明暗面整体修饰面部轮廓。

6. 遮瑕

方法：用遮瑕笔在局部的斑点、暗疮印等位置点上遮瑕膏，遮瑕膏应与粉底色相近。

7. 定妆

方法：取适量的蜜粉在面部轻轻按压，有控油功效并能固定妆容，不易脱妆。

8. 眼部化妆

（1）画眉（图9-23）

方法：在修好的眉毛上，用眉笔沿眉毛生长方向一根根描画，画出的眉毛要有眉色的浓淡变化，应该眉头浅，眉腰略深，眉峰最深，眉尾逐渐变浅，边缘线柔和基本标准，不要太生硬和太黑。

除了眉笔之外，还可以用眉刷蘸眉粉顺着眉毛生长方向轻刷，画出的眉毛则比较自然。颜色最好选用比自己发色浅一号的色系，如果是黑发，建议用灰色眉笔或眉粉，如果头发染成棕色或黄色，建议选用浅棕或棕灰色的眉笔或眉粉。

画眉的时候我们也要考虑它和脸型的关系，不同的眉形搭配不同的脸型。长脸型适合一字眉、平直、弧度小的眉型，宽、方脸型适合眉型上扬且微弯，比如标准眉、高挑眉。圆脸型适合有眉峰上扬的眉型，比如高挑眉、欧式眉。小巧脸型适合柳叶眉。

图9-23　画眉

（2）涂眼影（图9-24）

方法一，渐层画法，上浅下深，由睫毛根部开始涂眼影，根部最深，由下向上做晕染，越来越浅，面积控制在眼窝之内。

方法二，竖式渐层，上眼皮中间为浅色，内外眼角最深，从两侧向中间垂直晕染。

方法三，立体轮廓描画，眼窝凹处加深涂抹，外眼角上方眼睑处虚画出三角形，颜色由深至浅从外眼角向内眼角涂抹。

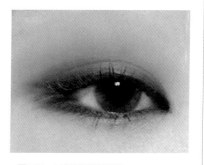

图9-24　上浅下深渐层眼影

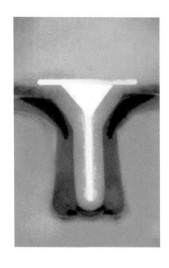
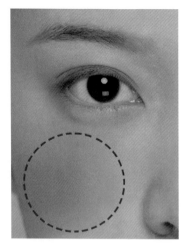

图9-25 鼻部化妆

图9-26 团式腮红

（3）画眼线

方法：用眼线液或眼线笔紧贴睫毛根部开始描画。

（4）涂睫毛膏

方法：先用眉毛刷梳理睫毛，再用睫毛夹从睫毛根部由内向外来回几次夹翘，用睫毛膏从睫毛根部由内向外"z"形来回涂抹，达到浓密纤长的效果。

9. 鼻部化妆

方法：鼻两侧用浅咖啡色鼻影粉涂抹，不要过深，过渡均匀。鼻梁用亮色的鼻影粉涂抹，效果亮暗分明，轮廓清晰（图9-25）。

10. 唇部化妆

方法：先用唇线笔描画理想的唇形，再涂抹润唇膏，然后用唇扫取适量唇膏均匀涂在唇上，最后涂上一层唇彩，使唇部水润有光泽。

11. 涂腮红

第一种是圆形的团式腮红，将腮红打圈刷在微笑时颧骨上方凸起的苹果肌位置。注意中心颜色最深，边缘最浅，从内向外晕染。适合长脸型的人（图9-26）。

第二种是立体腮红，由太阳穴位置向颧骨方向斜扫，和鼻头位置平齐，适合圆脸型、方脸型的人。

12. 调整定妆

方法：用蜜粉刷或干粉扑蘸少许蜜粉均匀涂于面部，固定完成的妆容，使妆容持久。

二、淡妆的画法

淡妆即淡雅的妆饰，特点是自然淡雅（图9-27）。

淡妆的画法如下：

① 粉底：选用与自己肤色接近的粉底，不要过白或过暗。

② 眼影：选用浅棕等暖色系列，此色系颜色与肤色协调柔和。在上眼皮平涂上一层浅色眼影，在睫毛根部涂上深色眼影，由深到浅慢慢向上晕染，晕染到双眼皮褶皱线即可，两色衔接处过渡均匀。

③ 眼线：用黑色眼线笔或眼线液贴近睫毛根部画眼线。

④ 眉毛：修好眉形后，根据自己的发色，选择比发色浅一号色的眉粉，用眉刷刷在眉毛上。

⑤ 睫毛膏：分三段夹翘睫毛后"Z"字形涂上睫毛膏是全妆的关键。

⑥ 腮红：根据妆容色调选用粉色系腮红，如桔粉色或桃粉色，腮红从太阳穴位置到颧骨斜扫晕染。

⑦ 唇部：选用自然接近唇色的颜色，先涂上润唇膏作基底保护，涂抹唇膏后，淡扫薄薄的唇彩。

⑧ 眉骨、鼻梁、下巴处扫上高光粉，加强面部立体感。

图9-27 淡妆

第九章　妆容与服饰形象

第三节 | 发型、妆容与服饰搭配

人物造型搭配并不单单只是服装搭配，从整体到局部都需要仔细考虑才能搭配出完美的造型。擅长穿衣搭配的人，都懂得如何运用服饰配件来为造型加分。发型和化妆虽然不属于服饰配件但由于发型的可塑性和化妆色彩的可变性在迎合服饰整体风格、色彩中起着非常重要的作用，所以也成为服饰搭配的组成部分。

一、发型和服饰的搭配技巧

（一）发型的分类

1. 发型的三个特点

生活中常见的发型大体分为四类。

第一类是长发型（图9-28）。特点是温婉、飘逸，类型有直发、波浪卷发、辫发、束发。

第二类是中长发型（图9-29）。特点是既知性又轻快便利，类型有直发、卷发。

第三类是短发型（图9-30）。特点是俏皮、活泼，类型有女童发、扣边直发、蘑菇发型。

第四类是超短发型（图9-31）。特点是表现力较强，前卫个性，类型有男童发型、王后发式、寸发。

图9-28 长发型

（二）发型和服饰的搭配技巧

在商务活动中的着装一般是职业装（图9-32）。男士可选择西装套装，女士可选择西装套裙。服饰搭配讲究的是简洁、和谐，配饰不多。发型的梳理应是庄重大方，可根据着装者的脸型设计长、短、直发、卷发、盘发或束发等。比如参加会议，可以

图9-29 中长发型

图9-30　短发型　　　　图9-31　超短发型　　　　图9-32　正式服装　　　　图9-33　晚礼服

梳理一个低束发或盘发。如果陪同客户出现在休闲场合，可选择长卷发或直发造型。既优雅，又带有一丝柔美气息。

身着高贵典雅、色彩亮丽的礼服参加晚宴时可以将头发梳理成各式盘发或波浪发，能够烘托服饰的华丽和着装者的高贵（图 9-33）。一般适合晚礼服搭配的发型主要有盘发、清爽短发、大波浪发。盘发将头发高高盘起，给人以优雅端庄的高贵感。清爽短发使人看起来干练知性，散发强大气场。大波浪发可以使用较粗的卷发棒在发尾烫卷儿，增添浪漫柔美气质。

人们在休闲时所穿服装比较随意、休闲，款式造型十分自由。所以在身着休闲装时可把发型梳理成比较轻松随意的风格。比如长波波头、丸子头、高马尾、辫发（图 9-34）。

发型与服装在选择上必须与着装者的职业、环境、气质、修养、审美需求相协调才能表达出着装者的现代时尚美感。

三、妆容和服饰的搭配原则

1. 晚宴妆和礼服的搭配

如果出席晚会、宴会等高雅的社交场合，晚礼服、华丽的首饰和晚宴妆是最理想的选择。晚宴妆的特点是夸张艳丽。在造型上应遵循夸张，浓艳的原则。色彩应妆色艳丽，主调鲜明。发型与服饰要庄重高雅，应与妆面整体效果一致，使女性展现端庄高雅的魅力。要注重一些细节，如指甲涂成与唇膏同系列的颜色，整体感觉和谐而精致。如果穿着白色晚礼服，口红尽量不要涂太淡的颜色，不然会显得脸色很苍白（图 9-35）。

2. 裸妆和服饰的搭配

在日常生活和工作中，我们可以选择淡雅自然的裸妆来修饰自己。这种妆容自然清新，粉底

149

第九章　妆容与服饰形象

图9-34　休闲装

图9-35　晚宴妆和礼服的搭配

轻薄，只用淡雅的色彩点染眼、唇及脸色。因为裸妆自然清透的特点，可以搭配任何风格的服饰。无论是华丽的晚装，还是随意自然的休闲装，都可以与裸妆相得益彰。

3. 要选择与服装同色系的口红

要让彩妆和服饰搭配出效果，口红颜色应与衣服上某个色块颜色相近。最好是与鞋子或者打底衫同色，比如衣服上有红色，那么可以用粉色或红色口红进行呼应，如果衣服是暖色调，那么可以用豆沙色，橘粉色、口红色等。如果衣服是冷色调或者是白色，则可以用玫瑰红色或者紫红色口红来搭配（图 9-36 ）。

4. 选择和服装同色系的眼影

如果服装是冷色调，可以选择蓝、紫色系的眼影，如果服装是暖色调，那么可以用咖啡色、棕色、米色，的眼影，如果你的服装色彩比较夸张，那么就用淡雅柔和的眼影中和夸张感（图9-37 ）。

发型和妆容的设计必须遵守 TPO 原则，应该在不同的时间、地点、场合根据服饰要求选择不同风格的发型和妆容，它们都是为服饰服务的。只有迎合了服装的风格，才能真正达到完美的搭配效果。

图9-36 选择与服装同色系的口红

图9-37 选择和服装同色系的眼影

练习题

1. 化妆的基本材料和用具有哪些?
2. 举例说明妆容如何与发型进行搭配。
3. 举例说明妆容如何与服饰相搭配。

拓展思考

我国文化源远流长,勤俭节约的传统美德是先人们留给我们中国人民世代相传的宝贵精神财富。"历览前贤国与家,成由勤俭破由奢。"铺张浪费、奢靡享乐,糟蹋的不仅是物质财富,更会侵蚀人的精神世界。所以,继承和发扬这一光荣传统,是我们每一个炎黄子孙的责任。有的人喜欢购买国外大牌化妆品,认为价格贵就一定好,其实一些国产平价化妆品也是很不错的,适合自己皮肤的才是最好的。请大家列举几种使用过的国产化妆品,并谈一下使用感受。

此章讲述服饰搭配艺术中个性与
流行的含义以及形成特点、服装流行
的特点、流行与个性的结合原则等。通
过学习，能够运用流行与个性相结合的原
则，进行体现流行与个性的服饰搭配。

第10章
个性、流行
与服饰

第一节 | 服饰流行的概念与产生原因

　　流行是一种客观的社会现象，它反映了人们日常生活中某一时期内共同的、一致的兴趣和爱好。它所涉及的内容相当广泛，不仅有人类实际生活领域的流行（包括服装、建筑、音乐等），而且在人类的思想、观念、宗教、信仰等意识形态领域也存在。但在众多的流行现象中，与人密切相关的服装总是占有最显著的地位，它不仅是物质生活的流动、变幻和发展，而且反映了人们世界观和价值观的转变，成为人类社会文化的一个重要组成部分。

　　服装流行指的是服装的文化倾向，这种流行倾向一旦确定，就会在一定的范围内和一定时间内被较多的人所接受。服装流行的式样表现在它的款式、材料、色彩、图案纹样、装饰、工艺以及穿着方式等方面，并且由此形成各种不同的着装风格。一般服装的流行要素主要有关键部位的外观设计特征等；服装面料的流行是指面料所采用的原料成分、织造方法、织造结构和外观效果；服装色彩的流行是指在报纸、杂志等权威媒体上公布的色彩预测，并在一定的时间和空间范围内受人们欢迎的色彩；服装纹样的流行是指服装图案的风格、形式、表现技法，如人物、动物、花卉、风景、抽象图案、几何图形等；服装工艺装饰的流行是指在不同时期采用的一些新的缉缝明线的方法，还有服装开衩以及印花等都会随着流行而变化（图 10-1）。

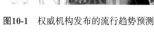
图10-1 权威机构发布的流行趋势预测

图10-2　带有几何图案的服装

图10-3　20世纪50年代流行女装与2019年香奈儿发布的服装

　　流行的产生有迹可循，并不是凭空想象出来的，任何一款与社会脱节的服装都难以生存。所以流行会受到人为因素、社会经济状况、自然因素、文化背景、国际重大事件等因素的影响。如果设计服装时脱离这些因素，只是一味地以主观设计为主，那么所设计出的服装就很难成为流行现象。

1. 人为因素

　　其影响因素主要来源于人们喜新厌旧和攀比、从众心理。喜新厌旧是人们在生活中的一种心态，抛弃旧的、追求新的，这种愿望在服装中表现得尤为突出。当一种新的服装出现时，一些勇于尝试的人，首先走入潮流的前端，成为新流行的创造者，这种心理因素促使服装流行不断地推陈出新。随后，这种服装被人们认为是时尚，不穿着它的人自感落伍，于是穿着它的人会越来越多。这样，在一定的时间和一定的地域内，有相当比例的人群加入流行的行列，这时，一部分墨守成规、对服饰缺乏主见和自信心的人，常常采取随大流的从众方式。这种盲目的从众心理使流行向更大范围扩展，是推动流行发展的主力军（图10-2）。

2. 社会经济状况

　　服装流行的现状可以反映出一个国家的经济状况，在服装流行蔓延、传播的过程当中，社会的经济实力起着直接的支撑作用。当社会经济发展不景气时，人们的精力就会放在民生方面，大家只有解决吃住后，才会对穿着有所要求，否则只要穿暖就足够了。至于服装的款式、颜色都不会被人关注，更不用说考虑流行与否了。这时的服装业就会出现萎缩，服装的造型变化就会减缓，甚至停滞不前。相反，社会经济繁荣昌盛，人们的生活水平不断提高，与此同时，人们会对着装要求更多、更新的变化，首当其冲的便是服装自身的修饰。只有人们对服装提出新的要求，服装才会不断地推陈出新，于是便呈现出与时代相适应的新的潮流，出现服装流行的繁荣景象（图10-3）。

3. 自然因素

　　自然因素主要包括地域和天气两个方面。地域不同和自然环境的不同，使得各地的服装风格形成并保持了各自的特色。在服装流行的过程中，地域差别或多或少地会影响流行。

155

图10-4 非洲部落服装与
俄罗斯传统服装

图10-5 根据《汪汪特工队》
动画形象设计的童装

偏远地区人们的穿着和大城市里服装的流行总会有一定的差距，而这种差距随着距离的靠近递减。这种现象被称为"流行时空差"。不同地区、不同国家人们的生存环境不同，风俗习惯不同，导致人们的接受能力产生差别，观念和审美也会有一些差异。而一个地区固有的气候，形成了这个地区适应这种气候的服装。当气候发生变化时，服装也将随之发生变化（图10-4）。

4. 社会文化背景

生活中服装的流行是随着时代的变迁而变化的，不同时代的流行，都是与不同社会文化背景下人们的生活习惯、宗教信仰、审美观念等相契合的。例如生产童装的设计师就要看动画片，要知道这个时期流行的动画片是什么，孩子们喜欢的卡通人物又是谁，只有把童装和生活有机地结合，才能设计出孩子们喜欢的流行童装（图10-5）。

5. 社会重大事件

社会重大事件的发生往往被流行的创造者视为流行的灵感。很多国际上的重大事件都有较强的影响力，能够引起人们的关注。如果服装中能够巧妙地运用社会重大事件中的元素，就很容易引起共鸣，产生流行效应（图10-6）。

图10-6 20世纪20年代妇女解放运动时流行的女装与20世纪50年代的复古女装

第二节 | 服饰流行与服饰搭配

在社会不断发展、经济不断增长的今天，一个成熟的消费者所穿的服装，应该不只体现本人的精神面貌，还要考虑自己所处环境、所受教育程度、职业等多方面因素。因此，如何提高我们的欣赏水平，满足我们穿得更漂亮的欲望，需要自我完善和提高。

流行是一种人人都向往的思潮，因为人们的集体追求而形成一股热浪，可当人人都拥有种种的潮流元素之后，流行也就不能算作流行了。如今，服装是一种时尚流行的代号，也是一种个性的体现。服装服饰总是有它的魔力，让人们对其顶礼膜拜，让追随流行的脚步总是紧紧追随其后。

已有的潮流特点起源于生活，服装同样是为人服务的，并得到了社会的认可。所以，在进入21世纪后，自然科学、设计创作等都在经历新的变革。今天的服装，应该同当代人的审美理想、生活状态、服装的服用功能联系起来，把握当下的时装潮流应注意从以下三方面着手。

1. 绿色服装

又称为生态服装，环保服装。它是以保护人类身体健康，使其免受伤害为目的，并有无毒、安全的优点，在使用和穿着时，给人以舒适、松弛、回归自然、消除疲劳、心情舒畅的感觉。国际上已开发上市的"绿色纺织品"一般具有防臭、抗菌、消炎、抗紫外线、抗辐射、止痒、增湿等多种功能。生态服装则以天然动植物材料为原料，如棉、麻、丝、毛、皮之类，它们不仅从款式和花色设计上体现环保意识，而且从面料到钮扣、拉链等附件也都采用无污染的天然原料；从原料生产到加工也完全从保护生态环境的角度出发，避免使用化学印染原料和树脂等破坏环境的物质。环保风和现代人返璞归真的内心需求相结合，使生态服装正逐渐成为时装领域的新潮流（图10-7）。

2. 让服装体现人文精神

艺术源于生活，存在于生活的各个层面中。品质着装很多时候是一个整体的概念，精神、内涵、文化、妆容和发型一个都不能少。服装的发展最终是为了提高生活的品质。在某些城市，还向全体公务员发出了"合宜的办公室衣着"指引，既列明公务员衣着应配合场合、整齐得体，也规定男职员上班时不应穿拖鞋、凉鞋、背心，女士不应穿拖鞋。更让人称道的是，该"指引"还以例"指导"公务员的着装，比如出席重要或正式会议、正式招待会时，男士应穿西装、戴领带

图10-7 绿色环保服装

图10-8 女性办公室着装指引

或结领结，女士需穿外套配裙或裤等（图 10-8）。

3. 新型服装材料研究及在市场上的运用

在当今时装界，简约概念成为时尚的主导核心，我们可以清楚地看到服装材料势不可挡的魅力。如近年流行的立体服装面料受到建筑和雕塑艺术的影响，通过皱褶、折叠等多种方法，使织物表面形成的凹凸的肌理效果，加强了面料的浮雕外观，用这种面料设计的服装，具有一种外敛内畅的效果，无压迫感和束缚感，符合现代人的内心盼望拥有一份自己的空间的愿望。服装材料艺术可为原本平淡无奇的面料平添几分精致和优雅的艺术魅力，如在面料上加珠片、刺绣、金属线、丝带等手法，不仅增加了面料装饰效果，又能表现随心所欲的浪漫和雅致。再如普通的牛仔布上应用拼缝、镶边、嵌花、反面正用、深层磨洗等多种装饰处理，给西部味道很浓的牛仔服，赋予全新的变化和风格，为传统粗犷的牛仔服装注入了甜美、优雅的感觉。可见，服装材料艺术在改变材料外观的同时，更大限度的发挥材质自身的视觉美感的潜力（图 10-9）。

当然，服装材料艺术不仅表现在服装材料的独特处理上，还表现在不同材质之间的贴切组合搭配上。设计师一般应用对比思维和反向思维的方式，打破视觉习惯，以寻求不完美的美感为主导思想，把毛皮与金属、皮革与薄纱、镂空与实纹、透视与重叠、闪光与哑光等各种材质组织在一起，给人产生"为之一震""不知所措"的感觉，可从中领略到设计师独到的设计魅力（图 10-10）。

服装潮流还渗透到服饰的方方面面，如头饰、首饰、包饰、鞋饰和化妆，面对着一件件潮流服饰，我们深感到某些作品已不能单纯以服装或软雕塑之类的要领来区分，服装与艺术的界限日益模糊，已到了水乳交融的地步，也是未来服装搭配艺术发展的方向和趋势。

图10-9 新型服装材料制作的服装

图10-10 材质混搭的高级女装

第三节 | 个性的产生与体现

现今社会，人们对服饰原始功能的要求逐渐低于对服饰审美功能的要求。人们希望通过自身的服饰形象得到周围人群的认同，正是这样的要求促使了服饰文化不断丰富发展。服饰搭配就是与时代精神相结合，通过服饰语言丰富的表现方式，充分满足穿着者在不同环境要求下呈现不同形象的需要。

一、服饰形象

服饰是装饰人体的物品总称，包括服装、鞋、帽、袜子、手套、围巾、领带、提包、首饰等。在不同历史时期、不同社会文化里，服饰还作为一种文化现象体现着当时社会人们的审美水平和价值取向。服饰的款式、色彩、面料，不仅是物质的体现，更蕴含了社会政治经济文化的发展变迁。随着全球文化的交融，中国时尚业已经向国际化靠拢，其中服饰搭配艺术的形成和不断发展，正是体现了中国现代社会人们对个人服饰形象的最新诉求。伴随着科技的发展、物质的丰富，遮体、御寒等原始功能已经不再是人们的首要追求，取而代之的是装饰性、审美性、自我价值实现和社会认可。服饰在一定生活程度上，反映着国家、民族和时代的政治、经济、科学、文化、教育水平以及社会风尚面貌，正是人们不断变化的自我服饰形象需求推动了服饰搭配艺术的发展，通过搭配使人们的自我形象得体、合理、适用，从而形成趋于理想的社会形象（图 10-11、图 10-12）。

二、个性化是现代服饰艺术搭配的根本诉求

所谓个性就是一个人在思想、性格、品质、意志、情感、态度等方面不同于其他人的特质。就外在而言，个性是一个人的言语方式、行为方式和情感方式等的表现。任何人都是有个性的，区别在于有的人个性鲜明，有的人则表现平淡。个性的形成源于性别、民族、生活环境、父母的教育以及朋友的影响等多方面。服饰作为外在的表现形式，能最直接反映出穿着者的个性。反向

图10-11　20世纪30年代时髦女性形象　　　图10-12　当代女性形象

而言，如果运用得当也最能掩盖一个人的个性特征。

1. 个性是人的心理特征表现

个性是区别于他人的、在不同环境中显现出来的、相对稳定的、影响人的外显和内隐性行为模式的心理特征的总和。简单而言，个性就是一个人的整体精神面貌，即具有一定倾向性的心理特征的总和。当今社会随着生活节奏的加快，竞争日趋激烈，各方面压力不断增大，现代人在自我认同的基础上，更希望得到社会的认同，从而最终实现自我价值。通过服饰搭配艺术让自己的形象更具魅力，是实现这一目标最有力的手段。每个人的身高、体重、肤色等外在体征是千差万别的，内在精神气质修养的差别更大，个人爱好、兴趣、文化修养的不同也是个性的表现。此外，因为每个人所扮演的社会角色不同，且角色不唯一，所以在不同环境下，同一个人的形象也是不同的。这就要求人们在服饰搭配艺术中进行符合搭配对象性格特征的服饰搭配（图10-13、图10-14）。

图10-13　中性风格的女装搭配　　　　　　　图10-14　嘻哈风格的女装搭配

图10-15 歌手Lady Gaga的服饰造型

2. 个性化的形象是大多数人的需求

每个人的形象都可以被看做是一个视觉符号，这个符号越是与众不同，就越容易引起人们的关注，越容易被识别、被记忆。当今社会竞争已经到了"白热化"的境地，怎样从众人中脱颖而出，除了内在的修养、气质、才华，外在形象也起到了不可忽视的作用。"注意力经济"被越来越广泛地应用，个性十足的服饰形象无疑是吸引别人眼球的最佳手段。例如，红遍全球的意裔美籍女歌手 Lady Gaga 唱功非凡，但是其惊世骇俗的造型却比歌声更能带给人震撼：闪电眼妆、蝴蝶发髻、银色长发、浓密到极点的睫毛膏、IPOD 屏幕太阳镜、电工太阳镜、胶质涂层、漆皮胸衣、白紧身三角裤、立体结构外套、易拉罐卷发……这些时尚碎片汇成了鲜明的、标签式的"Gaga 风貌"。在她横空出世之前，它们绝大部分都只能出现在舞台或者 T 台上，Lady Gaga 的形象无疑是将个性化演绎到了极致。对于一位娱乐明星而言，这无疑是成功的形象设计。当然，日常生活中个性化的服饰形象设计是要把握好尺度的，要根据每个人不同的体态特征、肢体习惯、思维方式、兴趣爱好、修养等进行搭配，以突出优势，彰显个性，呈现出自己特有的视觉符号。因为人的个体差异，使服饰搭配个性化得以实现；因为人们不断提高的精神审美需求，使个性化成为现代服饰搭配艺术的根本诉求（图 10-15）。

总之，个性鲜明的人往往会站在与众不同的角度看待时尚，其有着敏锐嗅觉，对时尚的运用也不可能是生搬硬套，或者肤浅地照抄。只有透过时尚现象的本质看到其流行的根本原因，才能把握住时尚的精髓，让其作为一种时代精神留存在风格中。

第四节 | 服饰流行与个性

　　人的穿衣打扮早已不仅仅限于保证日常生活的基本需要，而是把它看做一扇窗，以及展现和表达自己的手段。

　　人们不再是不加筛选地购买服装，而是开始了解自己的性格来定位个人风格，选择适合自己的服装。

　　首先，我们先对性格进行简略分析。人因具有不同的性格而有着千差万别的人类行为。按人的性格行为特征可分为内向型与外向型。内向的人心理活动倾向于内部心理世界，他们喜爱思考，常因为过分担心而缺乏决断力，对新环境的适应不够灵活，但有自我分析与自我批判的精神。外向的人心理活动倾向于外部世界，经常对客观事物表示关心和兴趣。这类人活泼开朗，感情外露。由于比较率直，这类人缺乏自我分析与自我批评的精神（图10-16）。

　　其次，我们要进行着装方式的解析。服装具有三要素：造型、色彩、面料。对于服装，首先给人的第一印象就是色彩。不同的色彩可以带来不同的心理感觉。而色彩对于服装而言是一个相当重要的因素，也可以说色彩的选择和偏好传递了性格特点。

　　新加坡的美学和心理学家合作进行的一项调查表明，女性对服装颜色的偏好与她们的性格息息相关。偏爱黑色服装的女性在生活中往往表现出异常强烈的独立性，她们富于主见，善于克制，

图10-16 不同性格的女性形象

图10-17 不同颜色的服装所衬托的女性性格

自我保护意识较强，但表现出冷峻感，内心深处往往潜伏着很强烈的孤独感。喜欢白色服装的女性往往对各种缤纷的色彩已感厌倦，正处于新的自我探索或正在适应新的环境，善解人意是这类女性性格上最明显的特点。喜欢穿红色服装的女性大多有积极的人生观和豁达的处世哲学，她们性格外向、活泼、坦率、真诚。女性喜欢黄色服装往往是"人缘好"的代名词，这类女性喜欢交朋友，善于表达内心的喜怒哀乐，最容易使人产生信任感和亲切感。身着蓝色服装的女性则是"才女"的象征，她们头脑充满智慧，具有较强的决策能力，擅长逻辑推理，责任心很强，但有时却又因自我意识太强而使旁人敬而远之，这类女性尽管聪明，可朋友却远远比爱穿黄色衣服的女性少得多。喜欢粉红色服装的女性处事细腻，富于同情心。关系他人，无微不至，性格温柔，最大的性格弱点是他们容易偏听偏信。钟情紫色服装的女性对自己和别人要求都很严，她看人直觉敏锐、准确，也颇有组织能力。女性偏好灰色服装意味着她们的生活态度往往十分被动，培养开朗的性格是克服这种"性格弱点"的良方。对棕色服装有偏爱的女性最讨厌华而不实、花里胡哨，这类女性观念保守，也不愿向别人显露自身的真实感受。喜欢绿装的女人也许是最快乐的女人，她们往往充满蓬勃向上的活力，朋友很多，并能愉快地面对挫折和困境（图10-17）。

服装的各个部位的变化设计使服装形成了不同的款式，营造出不同的效果和形象。同样颜色的衣服，不同的款式设计，也会带来不一样的心理感受。比如，对晚礼服的选择，性格内向的人，会选择比较规矩和经典的款式；而性格外向的人，会选择低胸、露背、无肩带等性感的款式（图10-18）。在选择职业装时，内向型性格的人，通常会选择传统正规的西服；外向型性格的人则会选择休闲款式的西装。在事业成功的精明型女性中，很多是属于能干型的，她们喜欢穿着活动方便而又看起来挺括帅气的服装。

服装面料具有非常鲜明的特点，其质地的表现力非常强，对性格的表现也是非常明显的。如面料的选择，与一个人的年龄和身份、收入等相联系，如学生多穿着棉质和化纤的服装，很少穿丝质服装和皮草。相反，高收入和特殊身份的人如企业家和政界人士则不会和棉麻打太多交道（图10-19）。

图10-18　不同性格的女性选择不同的晚礼服款式

　　最后，我们还要对个人风格进行定位。一般服装分为：优雅型、性感型、自然型、时尚前卫型、职业型、浪漫型等。在生活中，风格定位大多依据每人平时穿着的喜好和性格特点而形成属于自己独特的风格，说到底还是性格和喜好的体现。性格和喜好影响人们对不同的服装进行选择。即使是同样的服装，不同性格的人会穿出不同的味道。在了解了基本的着装方式和穿衣之道后，性格就开始在选择服装的过程中发挥作用（图10-20）。

　　总体来说，服装的选择和个性有着密切的关系。把握个性与服装之间的关系，对选择更能表现我们内心气质的服装具有非常重要的意义。个性影响着服装的选择，同时，从服装也可以解读人的内心。两者相互联系，相互作用。

图10-19　不同性格的女性选择不同的服装面料材质

图10-20　不同个人风格的女性着装

第五节 | 个性服饰搭配技巧与原则

能够给今天的我们留下深刻印象的穿衣高手，不论是设计师还是名人，其原因只有一个——他们创造了自己的风格。

一个人不能妄谈拥有自己的一套美学，但应该有自己的审美品味。而要做到这一点，就不能被千变万化的潮流所左右，而应该在自己所欣赏的审美基调中，加入时尚元素，融合成个人品味。融合了个人的气质、涵养、风格的穿着会体现出个性，而个性是穿衣之道的最高境界。

一、个性服饰搭配技巧

1. 衣服要与你的年龄、身份、地位一起成长

西方学者雅波特教授认为，在人与人的互动行为中，别人对你的观感只有7%是注意你的谈话内容，有38%是观察你的表达方式和沟通技巧（如态度、语气、形体语言等），但却有55%是判断你的外表是否和你的表现相称，也就是你看起来像不像你所表现出来的那个样子。因此，踏入职场之后，那些慵懒随意的学生形象或者娇娇女般的梦幻风格都要主动回避。随着年龄的增加、职位的改变，你的穿着打扮应该与之相称，记住，衣着是你的第一张名片（图10-21、图10-22）。

2. 基本款服饰是你的镇山之宝

服饰的流行是没有尽头的，但一些基本款的服饰是没有流行不流行之说的，比如及膝裙、

图10-21 女明星袁泉十年前的着装　图10-22 现在的着装　图10-23 基本款服饰

粗花呢宽腿长裤、白衬衫……这些都是"衣坛长青树"，历久弥新，哪怕经历 10 年也不会过时。这些衣物是你衣橱的"镇山之宝"，不仅穿起来好看，穿着时间也长，绝对值得拥有。有了一批这样的基本款服饰，每年、每季只要根据时尚风向，适当选购一些流行服饰来搭配就行了（图 10-23）。

3. 和自己的身材、肤色、气质能够"速配"

专卖店精美的橱窗和优雅的店堂都是经过专业人士精心设计的，其目的就是为了营造出一种特别的气氛，突出服装的动人之处。但是，那些穿在模特身上或者陈列在货架上的漂亮衣服不一定适合你，不要在精致的灯光和导购小姐的游说造成的假象中迷失了自己。为了避免被一时的购物气氛迷惑，彻底了解自己是非常重要的基础课程，读懂自己的身材、气质、肤色，了解自己适合的色彩和款式，才不会买回错误的衣服。切记，没有哪个女人对自己的形象是完全满意的（图 10-24）。

图10-24 选择适合自己的不同搭配

二、个性服饰搭配原则

个性服饰搭配总的来说需要遵循和谐的原则。所谓和谐原则指协调得体的原则，有两层含义，一是指着装应与自身体型相和谐，二是指着装应与年龄相符合。服饰本来是一种艺术，能遮盖体型的某些不足。借助于服饰，能创造出一种美妙身材的错觉。天下人高矮胖瘦各不同，不同的体型着装意识也有所区别。

对于个子高大的人而言，在服装选择与搭配上应注意上衣适当加长以缩小高度，切忌穿太短的上装。服装款式不能太复杂，适宜穿横条或格子上装。服装色彩宜选择深色、单色为好，太亮

图10-25　适合个子高的人的着装

太淡、太花的色彩有一种扩张感，就显得更大了（图10-25）。

　　对于个子矮小的人而言，希望通过服装打扮拉长高度，故上衣不要太长、太宽，裤子不能太短，裤腿不要太大，裤子宜盖着鞋面为好，服装色彩宜稍淡、明快柔和些为好，上下色彩一致可造成修长之感。服装款式宜简洁，忌穿横条纹的服装。V型无领外套比圆领更能营造修长之感。简洁连衣裙可以提高腰线，忌用太阔的腰带（图10-26）。

　　对于较胖的人而言，穿衣就要尽量让自己显瘦，故穿衣不能穿太紧身的衣服，以宽松随意些为好，衣领以低矮的V型领为最佳，裤或裙不宜穿在衣服外边，更不能用太夸张的腰带，这样容易显出粗大的腰围。在颜色上以冷色调为好，过于强烈的色调就更显胖了。忌穿横条纹、大格子或大花的衣服（图10-27）。

　　对于偏瘦的人而言，要尽量穿得丰满些。不要穿太紧身的服饰。夏季服装搭配，服装色彩尽量明亮柔和，太深太暗的色彩会更显瘦弱。可选穿一些横条、方格、大花图案的服饰，以达到丰满的视觉效果（图10-28）。

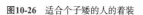

图10-26　适合个子矮的人的着装

图10-27　适合偏胖的人的着装

图10-28　适合偏瘦的人的着装

　　着装除了与体型、身材协调外，还应注意与年龄相吻合，不是所有的服饰搭配都适合同一个年龄。由于年龄的差异，从服装款式到色彩均有讲究。一般而言，年轻人可以穿得鲜亮、活泼、随意些，而中年人相对应穿得庄重严谨些。年轻人穿着太老气就显得未老先衰没有朝气（图10-29、图10-30），相反，老年人如穿太花哨就被认为老来俏。随着社会的发展，人们的着装观念也发生了许多变化，一个很明显的趋势就是：年轻人穿得素雅，中老年人穿得相对花哨，老年人希望通过服装来掩盖岁月的痕迹，年轻人试图通过服饰来强化自己的成熟期，这自然无可厚非。然而不管怎么说，穿衣打扮始终还是要考虑年龄的，一个老年人如穿上少女的娃娃装总欠妥当。青春自有自己独特的魅力，而中老年人自然也有年轻人无法企及的成熟美，服饰的选择唯有适应这种美的呼应，方能创造出服饰的神韵。

　　总的来说，个性的着装要基于自身的阅历修养、审美情趣、身材特点，根据不同的时间、场合、目的，力所能及地对所穿的服装进行精心的选择、搭配和组合。

练习题

1. 结合当前服饰的流行，分析其个性与流行形成的特点。

2. 明确流行语个性的概念、性质。

3. 结合你自己的个性特征说说你适合的服装搭配。

拓展思考

当国潮与汉服文化兴起，越来越多的传统文化都正在以年轻姿态重回大众视野。作为中国最大的古代文化艺术博物馆——故宫，也以自身丰厚的文化底蕴为基础，在古老与创新中，焕发着新的活力。2019年3月，故宫宫廷文化发起"吉服回潮"传统服饰文化复兴行动。意图在传统东方美学与现代潮流设计的碰撞中，将"吉服"这一诞生近600年但鲜为人知的传统文化，创造性带回大众视野！五位中国设计师品牌参与创作：AWAYLEE李薇、密扇旗下百戏局、MENG HUITING、QDO和5MIN。五位设计师通过在180多万件故宫博物院馆藏文物中汲取灵感并提炼吉祥元素，将此融入到品牌独特的设计语言中，分别带来"花筑盛世""绫绣如意""上河安福""海错祥瑞"和"酒歌长乐"五个时装系列。在传统文化与现代设计的碰撞交织中复苏"吉服"文化。请大家谈一下五个系列作品分别是如何既体现设计师个性又传承中国吉服文化的。

图10-29 适合年轻女性的着装

图10-30 适合年长女性的着装

参考文献

［1］曹茂鹏.从方法到实践：手把手教你学服装搭配设计[M].北京：化学工业出版社，2017.09.

［2］大山旬, 肖潇.基本穿搭：适用一生的穿衣法则[M].成都：四川人民出版社,2019.03.

［3］王静.识对体形穿对衣[M].桂林：漓江出版社,2011.08.

［4］梁艳.千万不要这样穿[M].桂林：漓江出版社,2012.12.

［5］赵亦靓.穿搭女王是品牌控之搭配心经[M].北京：电子工业出版社.2015.06.

［6］王静.选对色彩穿对衣[M].桂林：漓江出版社.2011.01.

［7］张志云.专业色彩搭配设计师必备宝典[M].北京：清华大学出版社.2013.07.

［8］押田比吕美.在搭配的愉悦中发现全新的自己[M].北京：电子工业出版社,2015.01.

［9］郑军, 白展展.服饰图案设计与应用[M].北京：化学工业出版社,2018.03.

［10］涂睿明.纹饰之美：中国纹样的秘密[M].南京：江苏凤凰文艺出版社,2019.,03.